ENRICH YOUR LIFE

过不被催促的人生

Cissy 施丝 / 著

文汇出版社

难怪说爱情就是要看对眼，不是你长得有多漂亮，
而是拍照者的身高正好看到你最美的角度

——拍摄者 Allan（当时的男朋友，现在的老公）

都说成年人最容易犯的错就是把好的一面留给外人，
这话没错，我最好看的衣服都是穿给同事看的

看我笑得那么温柔，就知道我一定遇到棘手的事了

愿每一对经得起浴室顶光考验的有情人终成眷属

现在是我领着你走，等你以后跑在妈妈前面的时候，
我不担心，我相信你有你的方法走好人生的路

辞职后的第三个月，接到的第一个海外工作（摄于纽约）

从拍摄的角度就知道啦，来自一位身高 115cm 的
小摄影师（摄于卡普里岛）

随着斗转星移与思绪的流动，去制造兴奋，追求流动性，
便是性感的人生

——拍摄者 Allan（摄于 43 岁生日）

推荐序

人生不需比稿

宋秩铭（T. B. Song）

奥美时尚第一位上海本土员工 Cissy 施丝邀约我为她的第一本书作序，我很高兴，看到不同的奥美人在时间的长河中，依然在不同的支流里闪耀着。

奥美在中国已经有30多岁了，在这许多年里，工作中我结识了许多优秀的年轻人，看到或听闻他们的成长、离开、变化。Cissy 就是其中之一，她在20出头便加入了奥美，人生中最宝贵的十年是浸润在奥美文化中，被滋养，被定调。

阅过《不急：过不被催促的人生》，我看到Cissy广告人的本色依然鲜亮，三个尊重，坚持主体性，在她离开奥美之后的日子里，依然深刻影响着她，Cissy也始终保持着好奇，鲜活的人生态度。

在网络世界，Cissy被称为"不急姐"。不急，不被催促，这是她感悟的人生速度。而她的人生作品，主体性鲜明，不生搬硬套别人的体系，也不妄自菲薄自己的观点，这大抵就是她的底色，扎实、真诚与坚定。

愿读者通过她的小书，在字里行间读到，人生不需比稿。

自 序

　　我其实最怕在社交场合遇到这种场面：每逢首次见面的朋友，听闻我在奥美工作了十年的经历，都会惊呼"你是怎么做到的"。我当然会根据不同情况准备对应说辞，让这段尴尬平稳过渡。独自一人时，我在想是不是因为懒得更新简历，或者说我认为没有一份理想的简历模板能道尽这十年的精彩。精彩吗？我可以说工作的每一天都不是平淡无奇的，都会遇到让人揪心的、丧气的、雀跃的各种事情；但总结成简历，便又感觉赫然地诉说十年如一日的乏味。

去经历和去总结，看来真的是两回事。

平凡如你我，人生好似没有什么大富大贵、大起大落，却也不是乏善可陈的。那些走出来的困境、挣扎过的情感、放下的纠结、被八卦过的是非，好像也挺值得笑一下哭一下的。我也是一样。有些想说当时没说出来的，有些感受没有合适的场合去表达的，有些回忆只有自己知道的，透过了这次的写作，我的人生再次经历了一遭，得以描述了出来。

我亲爱的不相识的朋友，当你拿起这本书开启翻阅时，我想你如同赴约一场下午茶般的聊天会，只是与平时不同，这次由我主要诉说。我会说一些让我自己觉得骄傲的事情，但绝不是为了炫耀。请允许我保留小小的骄傲，好在不知道哪个怯场的时刻为自己撑一下腰。当然，我也会说出一些连我自己都感到羞愧的想法，但也不是为了告解和忏悔。没有那些顽劣的阴暗面，我又怎能珍惜和感恩他人闪闪发光的善意。

我不确定你喜欢听什么，但我确信你愿意听到一些不同的观点和想法。我想，你不缺朋友，但也会开心多了一位像我这样的可以敞开心扉的对话者。不知道我的经历是否能唤起你遗忘了的一段回忆，能让你联想起某些被忽略的细节。

下午茶会总有结束的时候，再厚的书也终有末页。还好合上书，我们还有各自需要奔赴的现实生活，去品味，去感受，去体验。

目　录

1　人生苦短，保持性感 ｜ 1

2　女人与女人的较量 ｜ 8

3　优雅是奶油蛋糕上的那颗樱桃 ｜ 15

4　孩子，你来得不晚 ｜ 22

5　晚开的花也很美啊 ｜ 30

6　能力有限公司 ｜ 36

7　把上班当成一场大型真人秀吧 ｜ 44

8　买本育儿书来对付你的同事吧 ｜ 52

9　愿你棱角分明，也愿你温柔绽放 ｜ 58

10 "我出去抽支烟" ｜ 65

11 还在较劲？那爱情还在 ｜ 72

12 看不到未来的前任们 ｜ 78

13 男人那么多，我还是喜欢基本款 ｜ 83

14 爱挑刺的人却不会吃鱼 ｜ 93

15 成人礼与热玛吉 ｜ 100

16 这颗苹果，吃不吃由我 ｜ 107

17 请用心听，不要说话 ｜ 114

18 完美的随想 ｜ 122

19 培养父母的独立性 ｜ 132

20 哪里的天花板最孤独 ｜ 140

21 睡一觉就好了 ｜ 149

22 自　由 ｜ 156

23 海滩、时装和信用卡 ｜ 164

24 永远太远，过好今天 ｜ 174

人生苦短，保持性感

我第一次听到"性感"一词，还是在上世纪八十年代健美裤流行的时候。那时我才念小学三四年级。健美裤的别称是"性感裤"，但我妈妈严禁我说这个名词。那时候"性感"被人提及得不多，而且如果有小孩子在场，大人都会遮遮掩掩眼神躲闪压低声音地说——那情形大约就相当于在家里当着女儿的面说"棒棒糖"，生怕唤起小朋友对禁忌的渴望。当时的我听到"性感"一词，后脑勺"嗡"的一下，觉得有股神秘而又无法抵挡的力量在心中酝酿。语言大概是上天创造的神秘代码，有些词你第一次听，虽不知道具体意思，但仿佛已明白了什么。

1

长大进入社会后，我发觉当面称赞某位女性性感的，大多数也是女性。除非是伴侣关系，男生不太会在公开场合用这样的词称赞女性，就算有也是用半开玩笑的语气说，或改用"sexy"，以英文一笔带过——仿佛切换成美剧模式才显得自然。这看似逻辑勉强，但大家也心照不宣地将之化为一种礼仪了。

第一次看到"人生苦短，保持性感"这句话，是一个女性朋友的MSN签名。当时，我的内心被触动了，就好像看到了一句很有分量的人生箴言。人生苦短，为什么不是保持开心、知足、幸福，而是性感呢？

感到开心和满足之后是趋于平静，非常开心非常满足后反而会有派对散场后的空虚感袭上心头。当时的派对多热闹，散场后就多空虚疲惫。如果能安然睡去倒也是一种幸运。

我在美食节目里看过一位国外老饕品尝一道白松露蘑菇料理，满足之余，迸出了一句"sexy"；主持人在品红酒时，因为它口感惊艳到无法精准描绘而用"性感"让观众去意会；大学时的女同学说篮球队男生的汗味很性感……看，性感不是一种规格、一行配方或一纸说明。性感有它的偶然性——如果不是那年的气候与雨水，或者不幸被野猪捷足先登，那株松露就到不了餐桌上；如果不是厨师手抖多撒了一点儿海盐，可能就不会神来之笔似的让这道菜sexy起来。性感有它的受众，对我来说汗味就是汗味，是体液的气味，对我的女同学来说就是性感，是青春的悸动，对洁癖者来说则是让人反胃的东西。性感有它的稀缺性，如果过于普遍那就不性感了，如同电影《情人》里小眼睛的梁家辉在法国女性眼中就是性感的东方男性代表；过于和谐或许就不那么性感了，玛丽莲·梦露被封顶"性感女神"不只因身材吧，还因为她笑起来那么单纯，那么直白，与她凹凸有致的身材形成了强烈的反差；还有，太过刻意也不性感，乔治·桑在《奥维涅游记》里形容十六岁少女"宛如那些野花，在没有艺术和文化的滋养下生长，但色彩欢快而艳丽"，这种生机勃勃就是没有任何技术成分加持的原生性感。如果有样东西它不多不少刚刚好，就很难性感起来，得要么哪里多了点儿，要么哪里少了点儿，不那么工整，反而多了份"感觉"。性感有后劲，回味绵长。

如此说来，一个变幻莫测、充满不确定性、没有规律可言的事物谈何"保持"？保持了就凝固了。如果保持变化，然后演变成周期性变化，那还算变化吗？变化予人的惊喜和兴奋点不见了。我想，溯源本能和直觉，随着斗转星移与思想流动，制造兴奋，追随流动性，便是性感的人生。有时候你会发觉教育受得越多的人越缺乏直觉，经历公司职场磨炼越多的人越容易忽视本能。我们有时笑称某人读书读傻了：聚会时有人说了个笑话，大家都笑了，只有那个学历最高的反应慢了半拍，我猜测他/她大概是先在脑子里过了一下这个事情发生的合理性、必然性，比如是否合乎物理定律，然后发觉这个偶然性既合理又滑稽，于是笑了。他/她当然不傻，只是知道太多理论、框架、公式，遇到一件事，将相关的知识都在脑子里快速筛查、匹配一遍——拥有丰富的知识储备，却容易丢失与生俱来的直觉。

我年轻时喜欢看广告，喜欢有创意的事物，又有幸进入了4A广告公司。在经历了一系列培训后，我快步迈向专业的广告之路，但一次在做creative review（通常广告公司提报创意想法给客户之前，创意人员要先和业务部、策略部过一下方案）时，我突然意识到自己有点儿不对劲，我的思想意识攀爬到房梁上看着侃侃而谈评论创意的自己，她已经不是那个依着直觉去欣赏广告创意的人了，她无法让广告创意带领感官去飞翔。那一刻的她一直试图去掌控这个创意想法：这个idea是否on brief？那段时间我非常迷茫，良好的广告审美直觉去哪里了？我不相信那句"不要让你的爱好变成职业"的鬼话，真相是不要让职业把你训练成只对规则产生条件反射的专业人士。

成年人的人生说起来就是两半：上班时和下班时。我们默认上班的时候很难性感起来，因为我们做出任何反应，哪怕是条件反射，都不自觉地要合情合理合乎规则。掌权者例外，他们应对规则游刃有余，或者说他们可以把直觉和真性情摊在台面上。而大多数的执行者都知道，在职场上"任性"是要付出代价的。所以，对我来说，也许下了班的时间就是一个敞亮的出口——可能，这也是这种题材的电影经久不衰的原因，比如《搏击俱乐部》《超人》《白昼美人》……当下也有很多程序员下了班去说脱口秀，精算师下了班去学木工打桌子刨凳子。我想，这大概是出于对活法的一种责任感吧。我们需要运用生命给予的性感的权利。

性感这么稀有，这么独特，怎么去追求呀？不要追求呀，那样就不性感了！性感不一定是因你做了什么。当有一刻你感觉到自己作为一个男人或者女人、爱人或者亲人，感官全部打开，情绪全都在眼波里，触觉牵动着嗅觉，你有点点感动有点热泪盈眶但又能收放自如，当你感受到鲜活的生命力，觉得自己正展现着活生生的自己，你要如何描述？恐怕唯有"性感""sexy"最适切。哪怕只出现过一刹那，那种感觉也不会磨灭。

有一次，我无意听到了一段上世纪二三十年代的爵士乐。我不懂音乐，但那明朗的节奏，那种发自人性本能的单纯与快乐，让我情不自禁地随着音乐摆动起来。

我的身体很轻，肢体和节奏配合得异常协调，我就是名伶，正为唱片里的男声伴唱，我好像还闻到了外婆脸上雪花膏的味道，暖呼呼的。那一刻只属于我，性感极了。

女人与女人的较量

那是一个周六的早晨，七点半——于我而言，尤其是对周末的我来说，太早了！我要打起十二分的精神去参加女儿所在幼儿园院方和家长的见面会。刷牙前我猛灌了一杯黑咖啡，心率总算提上来了，仿佛能听到火车出站时由慢驶急的"轰隆隆"的声响。我要确保出门前完成两次排尿，祛除面部的水肿。我不会化很重的粉底和眼妆，而要确保自己的状态犹如自然醒，笃笃悠悠的。我选了件黑色香奈儿羊绒双排扣平驳领短大衣，除了金色人像浮雕纽扣，看不出一丝品牌的痕迹：它胜在挺括又较低调。里面穿一件藏青色密织一字领羊绒毛衣，露出黑白细条纹内搭的领子。我配了一条五十五厘米长的虎睛石项链，上面挂了一枚古币吊坠，这个呼应非常克制，细心的人可以体会到搭配的讲究——日光下看虽都是暗色的，但层次感明显。我为下身选了条厚实的白色牛仔裤，穿了双黑色牛皮压鳄鱼纹粗低跟短靴。平日里我可能会倾向豹纹马毛平底切尔西短靴，但参加家长会还是要太平点儿。在全身镜前审视自己，感觉可以吹着口哨出门了，chill 的感觉，能让内心少点紧张。我把白裤子当作一种心理暗示，低头看到时就提醒自己：放轻松，虽然你从小见到老师就会紧张，但这次要见的是你女儿的老师……幸运的话，你大可如在公司对待老板一样对待她们，理直气壮。真是奇怪，老师不能拿我怎样我却怕得不行，老板掌握我的薪资与升迁我倒泰然自若。我一定是有什么关于老师的童年阴影，待哪天将这段记忆的抽屉拉开，再彻底整理，努力释怀。

出门前我看了一眼铂金包，普通 togo 皮……不用吧？不必吧！我又不是在拍电视剧……然后一顺手背了半年前新买的一个大号香奈儿 19，感觉和这身 look 更搭一些。

不 急

周六早晨的城市让人感到冷静，特别是上海不出太阳的冬日，阴柔凛冽。可能是喝了咖啡的关系，我思维活跃、行动力极强，在四十分钟的车程里把家里缺的日用品、一周所需的冷冻类早餐肉类都在App上买好，把钉钉上要审批的各种报销看过一批，回复了几封邮件，正窃喜自己的办事效率时，幼儿园就在眼前了。我往车窗外一瞥，园外已经站了一排妈妈，或者说一排爱马仕正整整齐齐地等待入园。不是吧，真的跟电视剧里一样？我有种老千下错赌注的丧气，迅速摸出手机在微信里找到我的单身闺蜜群，输入"我是顾佳"（如同当时的热播电视剧《三十而已》里面的桥段），发送成功。但我已败下阵来。

我在几天前就开始为这次的咖啡晨会紧张了，闺蜜在群里起哄，劝我把爱马仕拿出来晃晃。面对没有孩子的她们，我只当说笑了。而且，今早看似不费力的打扮也是我前一天晚上设计好的，就得抱着严肃紧张团结活泼的宗旨出门。谁料，只有我没把电视剧里的桥段当回事。"她们真的是受了电视剧或者各种阶级传闻的影响，还是说这已经是她们最低调的包了？”我边跟随着队伍碎步前进边在心里叨咕自嘲，“停止脑补有钱人的心态和生活方式吧，越揣测越显得穷酸。”我转头瞥了一眼后面的队伍。哎，话说穿什么衣服背什么包又能怎样呢？大家都戴着白色的口罩，就算我后面排的是章子怡，也就是多了一位拎品牌包的妈妈。保障人人平等的，不只有法律、时间，还有口罩。

幼儿园入园申请是我当妈妈以来面临的第一次“绩效考核”，仿佛孩子进了理想的幼儿园，妈妈的综合能力就得到了认可。被谁认可呢？婆婆，我妈，老公，同小区的其他妈妈，随便哪一户的育儿嫂，谁都可以。因为谁见了两岁多的孩子都会问，去哪家幼儿园啊？她们脸上极力克制的微表情都是对你综合能力的评判。当我听到好多妈妈说她们在生产前就申请了各种幼儿园的 waiting list，我不知道是该无地自容还是嗤之以鼻。现在我女儿如愿以偿地进入了理想的幼儿园，我预感妈妈间的较量正式开始了，这种紧迫感和压迫感如同丘吉尔在"二战"期间的演讲，"This is not the end...not even the beginning of the end. But it is...the end of the beginning"。特别是我这种以洒脱自居的高龄妈妈，真有点见不得那些年轻却育儿经验极为老道的妈妈们，有的对于孩子吃喝拉撒的各个品牌和它们的成分优势如数家珍，有的几乎掌握了全上海的幼儿园小学教育资源……而我能做到的最体面的事情就是面带微笑保持距离，不然真的不能保证会不会假装不经意伸出腿绊她一跤。可谓山外有山，想认识年轻有为的女性人生赢家吗？去最难申请的几所幼儿园的小朋友家里找，她们外在年轻肤白貌美，内在精明果断见多识广，最重要的是能轻易又精准地击碎一个四十多岁自我感觉良好的老母亲的自信——不仅碎了一地，还亮闪闪地映射出珍藏版爱马仕包的残影。

　　在女儿同学的妈妈阵营里败下阵后，我转头开始了和自己妈妈的较量。我的心路历程如山路十八弯般曲折，从一开始初为人母对母亲艰辛付出的感同身受，到随着女儿的长大，教育过程中不时地闪现自己的童年片段，然后照着当今最红的育儿百科案例分析，对着记忆中妈妈的教育啧啧啧直摇头：您这位被时代淘汰的妈妈且看我新世代妈妈的花式育儿大法吧。

对比母亲当初的育儿方式，我总感觉自己更胜一筹。同样是面对孩子在商场撒泼打滚的局面，我印象中（或者根据我对我妈脾气的揣测），她会拎起我的一只耳朵直接拽回家，一路上在骂骂咧咧和欲言又止两种模式间切换。而我是新时代的妈妈，心中暗自较劲儿，制订出了一套流程：先蹲下，蹲到和孩子一样的高度，但保持一定的距离，静待她消耗完最后的戾气，递上纸巾供她擦掉鼻涕和唾液，在她抽搐着摇摇欲坠的时候一把抱住，手握成空心状轻轻拍打她的背，然后搬出书上的话术："妈妈理解你的感受，你很难过，很想要那个玩具，对不对？但是家里有很多相似的了呀，你需要选择一个。"于是，我的女儿好似醍醐灌顶，仿佛我的空心掌是葵花点穴手，时间点卡得比家里的扫地机器人还要精准——她停止哭啼，小小的脑袋耷拉在我的肩膀上，沉甸甸的。

不 急

我紧紧抱住我的肉团团，极其享受这片刻的祥和，但瞬间警觉，得回家抓紧把三岁、四岁育儿篇章看掉。

我爸妈每周都会过来看望宝宝，这自然也是我分享育儿案例的最佳时机，我像个脱口秀演员一般滔滔不绝，声情并茂，还适时地停顿给观众反应乃至拍手鼓掌的空档。一开始爸妈会为我每一场漂亮的胜仗欢欣鼓舞，但时间久了，我妈倦了，总借着要陪宝宝玩的由头避免和我有过多独处时间。一次，她实在拗不过我炙热的眼神，静静道来："教育的本质是要因材施教，别说妈妈不会你这套，是你小时候确实不如香瓜（女儿小名）悟性高、天资聪颖。靠说和你是说不通的，你不懂的。"

这一轮较量，我又输了，自信的碎片里又多了几片自小到大的优越感。

至于和婆婆——我老公的妈妈的较量……我学聪明了，哪有什么较量，只有对资深妈妈的尊重和认怂。背后可不能对长辈说三道四，写进书里也不可以。我妈提醒过我的。

优雅是奶油蛋糕上的那颗樱桃

　　婆婆端出一个六寸圆形蛋糕，纵横交错的白奶油线条下栗子蓉探出身影，正中间是一颗红得很不真实的糖渍樱桃。这是上海人熟悉的栗子奶油蛋糕。我们围坐在桌旁，等我公公来插上生日蜡烛。"点蜡烛点蜡烛"，婆婆招呼着，"谁吃香烟的？"我不自觉地瞥了一眼自己的包，还是让打火机继续安静地待在它的夹层里吧。大家都看向公公——大家庭的场子里唯一能自由使用打火机的人。不知道谁把灯关了，"咻"的一声，打火机蹿出火苗，去够每个蜡烛芯。放蛋糕的台子铺着桌布，上面还压了一面玻璃，玻璃映出火星点点，小小的饭厅倒还蛮有气氛的。

"切蛋糕切蛋糕"，长辈又在招呼了。我发觉只要场子里超过五个人，大家就很容易把一个指令叠着说，就好像喝喜酒的时候，最年长的宾客劝新娘新郎喝酒总是说"切特切特"（喝掉喝掉），然后其他人敲边起哄"爽气点爽气点"。连续说两遍的要求确会让在场的人无法忽视，但似乎又不是硬邦邦的命令，有一点儿客客气气好商好量的成分。摘掉蜡烛，分好蛋糕，吃完。收拾的时候，那颗红的很假的樱桃完整地立在不知道谁用过的盘子上，沾在盘子上的奶油已被刮得干干净净，但那颗红樱桃还在——伸着优雅的头颈，保持着良好的姿态，面对周围的一切。对它来说，最优雅的归处就是被人用凉开水荡一荡，拿去哄小孩子开心。

望着那颗红樱桃，我在想，是不是所有的西点师傅都有个类似潘通色卡的东西？不然，那个红怎么会那么的完美，那么地充满了讨好的气息？它应该不是红100，里面还加了5%~10%的蓝，红得很清澈，甜得很纯正，完美得让嘴被养刁的大人们愿意欣赏它，赞美它，却也

失去了吃它的兴致。

　　吃蛋糕的工夫，我收到爸爸发来的微信，一张翻拍的照片，是他前段时间整理照片时找到的一张我奶奶的照片。那是她年轻时在照相馆里拍的肖像照。照片里，奶奶大概还不到三十岁。她穿着那个时代的旗袍，梳着那时流行的发型，一脸笑容，流露着那个时代的女人才有的神情。我小时候跟随父母生活在外地，回上海后，直到奶奶过世都与她相处甚少。我印象中的她对任何事情都不置可否，总是笑眯眯地点头或眼神放空。所以，我在和她相处时总感觉隔着一层纱，看不出她的情绪。我依稀记得爸爸说过奶奶的爸爸是教授，她出自书香门第，在上海的一家女子教会学校接受过高中教育，等等。我看了一眼那照片，回复了一句："好优雅。"隔了好久，爸爸回道："亲婆养大我们几个兄弟姐妹吃了很多苦，非常坚韧，很了不起。"我猜想，在我爸爸的认识里，一位独自养育七个孩子的母亲、赡养婆婆的媳妇，配得上无数令人心生尊敬的形容词，但一定不会有"优雅"。优雅在当时养不活任何人，优雅无法谋生。在爸爸的记忆中，奶奶没有温声细语地教导孩子，没有微笑礼让陌生人，没有早餐时端着咖啡靠在窗边望着天上的云，没有每天熨烫褶皱的衣物，没有再苦都会在手绢上洒些花露水的雅兴，她可能都没有手绢……每次大家庭聚会，但凡叔叔、伯伯、爸爸提到奶奶，几个华发男人都会下意识地微微低下头，我仿佛看到他们在孩童时做错事被奶奶教训的样子。"姆妈真的了不起。"这种发自肺腑的感叹，是养育过孩子的人才会生出的敬佩，是经历过那个年代的人才懂得的敬畏。我第一次感到，**优雅其实没那么重要，她不是每个女人的必修课。**

　　前不久，和好朋友无意中聊到很久以前心仪过我的一位男士。女人的好奇心真的是绵延不绝，隔了多少年，她但凡抓到一丝的线索也不会放过追根溯源的机会："他是追求过你的，是吧？"我想了想，觉得很难定义："我不知道算不算是追？""怎么不算？他送过你生日礼物，还蛮贵的，Tiffany。"我的天哪，我孩子都三岁了，陈芝麻烂谷子的细节她都还记得。"是啊，不收又不好，我后来也狠狠心，买了一个蛮贵的东西回赠给他。"过去了这么多年，我居然还是有点心痛，不是花了钱的问题，而是花了钱给一个不喜欢的人。她乘胜追击，追问道："个么，你们到底好过吗？"这个问法真的蛮刁钻的，我本不打算兜圈子，不过直接否定她肯定不会信服，不知道再过个十年会不会又找机会问我，于是我问，他是怎么跟你形容我的呢，朋友说："他说你好优雅。"扑哧，我笑出声："你说哪对儿好过的，男人会形容女朋友优雅？！"不论是在婚姻还是单纯"好过"的关系里，男方形容女方的词可能有"作""傻呼呼""风骚""脾气好""慢吞吞"……一万种可能。但说出"优雅"，对不起，说明他们真的不熟，没有"好过"。

提到优雅的女人，我可以说出好多中外女明星和名人的名字，之所以能用"优雅"来评价，主要还是因为——不熟。没有交集就别说交情，所有认知都是单向的，是我对她的，她给公众留下的一个形象。我在很熟悉的女性长辈或朋友里检索，居然找不出一位"优雅"的女性。就算是我在奥美时的老板，广告界的张爱玲

（爱打扮且才华横溢，是我给她这个昵称的主要原因），跟随她工作五年之久，我也不会用"优雅"这个单一的形容词来描述她。不可否认，有几个瞬间让我觉得她的举止很优雅——喝香槟的姿态，与人交流时的遣词造句。但和她的睿智、敏锐的洞察力以及有点孩子气比起来，"优雅"似乎太过肤浅、太流于表面了，像极了奶油蛋糕上的那颗红樱桃，只是充满技巧地刻意表现。

我们歌颂优雅，大概是集体潜意识里对太平盛世的向往，希望这种欣欣向荣的景象一直维持下去，这样"优雅"才有用武之地。只是这种被修饰、被雕琢的美好在我看来不适合被过度歌颂。过犹不及，女性会不会产生一种新的焦虑——优雅焦虑？就连我三岁的女儿都跟我说"公主都很优雅"。我会抚摸着她的小脸，一遍一遍地告诉她：公主吃饭的时候动作很优雅，但她们能被称为公主，是因为拥有除优雅以外的能力和品格。

厨师把那颗樱桃放在奶油蛋糕上，代表它可以被端出去了。有了这颗鲜红的樱桃，才能实现顾客对奶油蛋糕的完美期待。我们需要知道的是，美好但非必要的事物是存在的，它承载着想象，给人以希望——樱桃一定要在的，吃不吃却是另外一回事了。

孩子，你来得不晚

　　四年前四月的某一天，我挑了个不下雨的日子去办理女儿的户籍。自女儿出生，大半年里我常常不由自主地心神不宁，大概是因为产后激素断崖式下降，我变得易怒，健忘，无法集中注意力。

　　"施丝，一九七八年生。"户籍警察是位二十出头的男生，七八年出生对他而言也许是上一辈儿的概念了。轮到我了，但我丝毫没有终于排到了的雀跃——坐在哪里等，对于产假中的我来说又有什么区别呢？仿佛我每天都在等，等女儿睡醒，等闹钟提醒吸奶时间到了，等三餐……一天天地熬时间，什么地方都去不了，对什么都提不起兴趣。"你是自己生的还是通过其他途径？"户籍警察问道。这是什么问题？我每天的生活如同一列开在平原上的火车，今天多了一节车厢叫"报户口"，但这不该是毫无波澜的例行公事吗？警察的问题让我踩下急刹车。我预感这将是我产假中最精彩的一天，工作中那个好斗的我仿佛被召唤回来了："我不明白你的问题，医院的手术单和出生证明写得很清楚，是我漏了什么资料吗？"户籍警察瞪大了眼睛，才意识到上一辈的女人不好惹。他镇定了一下，说："办理公事，我有必要询问一些细节。"可能是为了缓和气氛，他补了一句："你不像刚生了孩子的人。"我的天！我喜欢这个转折，这话仿佛一道阳光照在我的额头上，我的眉头舒展了，眼神也变得柔和了。"而且，你结婚五年后才要第一个孩子，所以我觉得……"他又补充道——有些年轻男人就是缺乏让人情绪持久愉悦的能力，而我只想停留在上一句话的愉悦中，便打断了他："就是我生的，我肚子上还有条十厘米的疤要给你看吗？"我依稀记得他涨红着脸办完了所有手续。离开时，我不忘转头看了下玻璃映射出的自己，好像肚子是瘪下去了一点儿。

　　"结婚五年后才要孩子。"哼，我本来都没打算生孩子，甚至没想过会结婚。很多理论提到，成年人对结婚、生孩子的态度受原生家庭影响很大，但这在我身上无法得到印证。爸妈对我疼爱有加，他们非常恩爱，虽然小吵小闹，但不离不弃相伴至今。只是我，从来都不是一个到了什么年纪办什么事的人。对于婚姻，我一直在伴侣的标准上摇摆不定，直到遇到了现在的丈夫，我非常确定可以和他结婚。对于孩子，我没有标准，不知道自己更喜欢男孩还是女孩，也不知道是更希望他/她从事艺术还是科学。最打动我的理论是，孩子是独立的个体，不是父母的附属品，也不应该承载父母的期待。

　　"你都结婚这么多年了，没想过要孩子吗？"我妈也曾这样试探我。"没有啊。"我故意说得坚决。我知道她以前不过问不是因为思想开明，而是压抑着自己，装出一副"我不干涉你的生活"的姿态，但现在有点按捺不住——传统思维一直往外窜，是时候摆出家长的架势来推波助澜一番了。"为什么不生孩子啊？"为什么一个有家庭有生育功能还有积蓄的女人会不想生孩子，这超出了她的接受范围。"为什么我需要有孩子呢？"我不是要将她一军，是真的没想明白。"孩子会让你快乐，让家充满希望。"我相信妈妈的确是这么认为的，我看到她眼里有泪花，记得她说过我是她和爸爸这辈子最大的快乐。"我有让自己快乐的能力，孩子不是一个喜剧演员，不是一件礼物，我也没有希望要通过一个孩子来改变全家的命运。"我一字一顿地说，与其说是在表达关于孩子的想法，不如说是我对妈妈的建议，期望她不要把自己的欢痛喜悲寄托在家庭成员身上。

但我并没有像跟妈妈说的那样义正词严。我得承认，我不想生孩子多半是因为自己的软弱。这世界上的很多危险、套路和陷阱我自己恐怕都应付不了，何况还要多个小生命相伴——如同一个机关重重的游戏，我已经打得很费力了，还要天降一只菜鸟来拉低整体战斗值。

但我也不得不承认，上天在造物方面真的费尽心机，所有崭新的小小的东西都格外可爱。小狮子、小豹子都会激发人类的母性，连鸭嘴兽这种颠覆审美的物种，它刚出生的样子都会让我"哇哦"一声。尽管我怕疼，自私，想要逃避，但我的确喜欢孩子的样子。这些美好的、颠覆成人审美的小家伙，身段五五分，头大肩窄，脸蛋鼓鼓的，手臂如莲藕一般，肚子圆圆的，可爱得让人没了脾气，没有了偏好。

　　有时我真的恨透了自己的摇摆不定。直到快四十岁时，我觉得不得不正视这个问题了。如果每种生物体内都有个闹钟，我仿佛听到了身体里"滴答滴答"走时的声音，它提醒我：再不做决定，等闹钟真的响了就永远错失良机了。我曾经听说，有些女人会梦到蛇或者鱼叫她们妈妈，如同旨意一般，她们就怀孕了，这是孩子和她们的缘分。我也希望我未来的孩子能给我托个梦，暗示我有个小生命非常想来这个世界探险一番，我想我会把子宫借给他/她住一下，然后陪伴他/她度过童年和青春期。当然，作为条件，自私的我希望他/她的身上得有一些我的和他/她爸爸的特征。我的一位好友前几年终于

"造人"成功，她喜悦到无法形容。为了怀孕，她吃了太多的苦头。我为她开心，与她一同流泪，而我又何尝不羡慕她要生孩子的坚定呢？我认为这是另一种形式的旨意，是有小生命和她产生了意识上的连接，她才会有那种义无反顾的坚持。

我把好友的好消息分享给我先生。"我也想有我们的孩子，不光是为了我，更是为了你。"他望着我说。他看出了我的疑惑，接着说："对，就是为了你，孩子会让你对爱、对生命的感知更完整。""你是说受尽怀孕之苦、生产之痛、养育之艰，就是为了让女人获得一种虚无的完整感？"我的反问略带讽刺。"不求回报的爱。就算你知道终有一天，他会离你而去，你也会义无反顾地付出爱。没有过这种体验，爱和生命怎么会完整呢？"我反驳不了，真的。此刻，对我最重要的人，我也不敢说我对他们有如此纯粹之爱。

最后，我和先生决定尝试备孕，我没有做任何产前检查，也没有吃叶酸，我决定顺其自然，在四十岁到来之前和缘分来一次邂逅。

不　急

　　正如有些考试，你本打算做足四十五分钟，没想到前十分钟就有如神助般交了卷。宝宝在我尝试怀孕的第二个月就来了，我瞪着有红红两道杠的验孕棒，喜悦大过惊奇。孕期里我没有一点儿妊娠反应，除了肚子大了、腰粗了，没有任何不适。我每天洗完澡都会抚摸肚子和她说说话，阳光很好的日子里，我会把肚皮露出来和她一起晒一晒，她大多数时候都很安静，一直在睡觉，偶尔在我吃甜品时她会多动动。她对居住环境似乎挺满意的。这段时间对她来说，可能是她一生中最漫长的独处，可以尽情享受生长而不被打扰。我们各自安好，尽好各自的本分，静等见面。

　　现在，我的女儿已经快四岁了，我也早就走出了产后的低落期。和她每一天的相处都是一首抒情的歌，分开挂念，相见喜悦，只偶尔夹杂着些许的疲惫与责怪。

　　我爱她，不只因为她是我的女儿，而是因为她值得被爱。她那么小却那么慈悲，会因为水泥地上脱水的蚯蚓停下玩耍的脚步，蹲下来，找一片树叶把蚯蚓铲起，把它放到旁边湿润的泥土上。她小小年纪却信守承诺，将送给好朋友的巧克力捏在手里，就算要化了也不会半途吃掉或交给别人保管。她的心细如发，容易打结，也一梳就开。有次我们玩得正开心，她突然情绪低落，垂着头告诉我，她在幼儿园玩耍一时忘形推倒了好朋友，好朋友的爸爸说她是坏宝宝。我跟她说，我敢保证如果她爸爸认识你，就不会这么说了，因为你是一个善良的好孩子。"但是我没有说他是坏爸爸。"她一脸认真。

就算四岁的人生也不都是快乐的，我静静地观察她的压力、挣扎甚至愤怒，仿佛我在重新经历一遍人生。小时候我内心的渴望、在乎，如今在女儿身上再次感同身受了。我宁愿她把咖啡粉撒一地，也会接受她要和我一起煮咖啡的帮助。我很乐意顶着大太阳和她一同蹲在马路边，观察大树下泥土上排队爬行的蚂蚁。错过了饭点又怎样呢？她有时哭着不肯上幼儿园，我就抱着她让她任性地哭一场，然后看着她擦干眼泪背着小书包自己走进校园——人生总要经历分离。四岁和四十岁的人生都是不容易的，我们谁也不要轻视谁。我在最好的年纪遇见你，我很庆幸。

晚开的花也很美啊

年初的时候，我被邀请去朋友的新家做客。朋友新婚燕尔，却选择了异常清冷的日式侘寂装修风格。不是说这不好，只是出乎意料。不过想来，这总比客厅主墙挂着大幅婚纱照，四处摆放成双成对的工艺品摆件让人舒服得多。起码，客人可以安逸地坐下来，对着一支花瓶，喝茶聊天。这甚至让我联想到朋友夫妇俩晚年生活的状态。也许是因为在比较成熟的年纪结婚吧，才会用自己喜欢的美学方式布置房间，传递理想的生活气息。那种大幅婚纱照和成对摆件的风格，那种藏不住的新鲜感和溢出来的热乎劲儿，大概率都出现在年轻人身上——没有对生活的太多感悟，自然会把一切美好婚姻的象征元素统统放在最显眼的地方。婚姻在先，生活在后。

我们聊着聊着，就从新婚驶入了备孕的话题，我作为过来人，感觉肩负使命，准备推心置腹一番："你刚结婚就备孕，会不会太早了呀，不多享受一下二人世界？""我都三十了，差不多了。""哎哟，三十还好吧，我四十才生的香瓜。"朋友冷冷地答道："你是你，我是我，我乐意三十生。"我顿时脸红发烫，想立即离开，不是因为她的话冒犯了我，而是羞愧于自己那不知从哪儿来的优越感。四十岁生孩子很了不起吗？我只是和多数人的结婚、生育轨迹不一样而已。特殊不代表高贵，我又凭什么以过来人的姿态去建议别人的规划呢？

在回家的路上，我一直琢磨，如果我早点儿结婚，比如，像大多数人一样在二十五六岁结婚，三十岁之前生孩子，那会过着怎样的人生呢？二十五六岁时，我刚升经理不久，正赶上"非典"事件后很多客户大换血，而之前招我进奥美的香港总监又接手了另外的小组和客户，我的新 boss 是一位台湾总监。一方面要和新老板磨合，一方面又要迅速熟悉新客户，看着昔日一起工作的小伙伴相继被裁员离开，我当时唯一的念想就是：留下来，在职场生存下去。当时，我和男友已恋爱多年，不只是我不想结婚，他也对此避而不谈，正是两人走向分岔路的当口。我无法想象如果在那时结婚会怎样？不过也不必去假设，我绝对不会在犹豫的情况下步入婚姻的殿堂。就算宇宙中存在平行世界，在另一个时空里，我也一定不会结婚。

　　临近三十岁时，全球金融危机爆发，几乎所有的外企都在大规模裁员，留下来的员工只有一半，我有幸是其中之一。那段时间，整个公司的气氛紧张得肉眼可见，特别是像我们这种副总监级别的，用一个人的工资可以保住几个负责执行的员工，但是论及与高层的交情，又和总监差了好几间办公室的距离。由此推断，裁员大刀将重点向着副总监们霍霍而来。还记得有一次在茶水间与另一位副总监聊起道听途说的裁员名单，平日里冷如清秋的她，一时崩不住情绪，哽咽了起来。我才得知她同在外企的先生刚被通知下岗，而孩子在双语幼儿园每月的学费更让我大开眼界。她的忧伤不只是因为可能要失去一份工作收入，她的焦虑不是一个人的重量。后来，侥幸逃出名单的我俩大松一口气，她庆幸保住了家庭收入，我则庆幸还好自己没有家庭和孩子了。以我当时心智的成熟度，的确无法对家庭和孩子负责，现在看来真是有点精致的利己主义之嫌。

似乎我人生的重要节点都来得比大多数人晚了几拍。三十五岁结婚，三十六岁创业，四十岁生孩子。我想，这一切的选择是性格使然，也是外部事件影响所致。我在自己最好的年纪做了对的事，而不是到了什么年纪就做什么事。

我很幸运，不是做了多么了不起的选择，而是赶上了一个宽容的时代。现代女性越来越会内观适我形态，对自我的关注多了，自然更能宽容别人的不同。如今，大家乐于看到一些不一样的活法。放在十年或十五年前，如果我大言不惭地说出自己的经历和心路历程，保不齐会有很多人讥讽我的利己主义思想。比如，从原生家庭的角度来抨击：一个大龄女青年一直不结婚，让年迈的父母日日担心，逢年过节在亲戚面前抬不起头。再比如，从职场生态上来谴责：造成不良竞争环境，因为在出勤/加班/出差的弹性调配上，同样的年纪，有孩子的职场妈妈自然比不过单身女性，甚至成为社会的隐患——生育率下滑，对年轻一代女孩的婚姻观产生不良影响……

谈到影响，对我影响最大的一句话便是"Never too late"。何其幸运，能在不那么 late 的年纪看到这句话，我深受鼓舞，受用至今。我不是一个从小就目标明确，清晰规划未来的人。我那不太着急的个性也不知是好是坏。总觉得没关系，就慢慢走，冥冥之中自有安排和指引。一旦想好了，去做，就专注于这件事，专注于如何让它发生，而不是踌躇是否良辰已过。

最近令我备受触动的一句话，是在给女儿读《花木兰》绘本时看到的。当花木兰遭媒婆奚落，在花园里黯然泪下的时候，木兰的爸爸劝解她说："你看这满园的花，有些早早地吐露芬芳，饱满绽放，有些迟迟不开，但晚开的花也很美啊。"这是说给思想还在启蒙阶段的孩子听的，又何尝不是说给我们每一个人听的？我们常常忘了大自然给予的最朴实的初始设置，就算是同一类花，开放的时间也有先后。花朵并不会因为他人的期待或市场价值的改变而提前或延迟绽放，而我们要做的，是在花儿绽放时嗅其香赏其美。

晚开的花很美，但不可否认，如果够成熟，够有种，选择早早开放也是美的。要绽放，就尽情，在自己独有的最好年纪。

能力有限公司

    我到现在还会时不时地梦到自己参加高考做数学卷子。望着密密麻麻的数字和符号，那种无力感，仿佛被空间站抛弃的宇航员漂浮在浩瀚的宇宙中……铃响了，该交卷了！哦不，是闹钟响了！感谢苍天，我不用再置身于那该死的焦灼中。我宁愿通宵加班写方案到肝硬化，也不想再做数学题了。

    上班去了，我可是一个自信的职业女性。和供应商开会是我有段时间的日常工作，我们负责客户的年度活动策划，要和活动执行公司对方案、卡预算。如果问什么人是我最讨厌的，那一定是故弄玄虚的家伙。你问他一样物品的单价，他眼睛直勾勾地看着你，一字一顿地往外吐"起—码—五—位—数"。天生倔强的我也回以坚定的眼神，嘴上说着"哦"，心里算着"个，十，百，千，万……"上万就上万，整什么五位数，浪费大家的时间。真想把他踢到外太空，让他在浩瀚的宇宙中也漂一会儿。

别说数学了，用时髦的话说，和数字有关的一切——都让我"肝疼"。

我第一次被判定数学会是短板应该是在五岁时。小时候，我睡在爸爸妈妈中间，睡前都要聊一会儿天。爸爸很骄傲地跟妈妈说他已经教会了我小学二年级的数学题了，妈妈满脸喜悦说囡囡好棒，以后像你爸爸一样不上高中直接考大学。获得这个荣耀可是我爸爸前半辈子的高光时刻，初中毕业就赶上知青下乡，得知恢复高考后，他脱产在家复习了一年便考上了大学历史系。可以说，是爸爸的知识改变了我们全家人的命运。我和妈妈躺在床上，笑盈盈地看向爸爸，爸爸却褪去了刚才的笑容，若有所思地说："我当初就是数学拉低了总分，数学上我是吃力的，我估计囡囡以后数学也好不了，还是往文科生发展吧。"这淡淡的一句话放在今天绝对能在小红书上引起一群育儿博主的围攻;而彼时,知识分子父亲的一句话给一个五岁的、身形单薄的小女孩投下了一生的阴影,就好像一位神算子批了我的八字后说:这孩子命里缺金,以后还是去劈柴吧,往木里发展。

心理暗示总是对意志薄弱的人特别奏效。一年又一年过去了,如我父亲这位神算子的预言,自初二后,数学一直是我所有科目中最拖垮的。小学时,学数学就像在操场上滑旱冰,毫无障碍,我滑得又顺又快;初中后,操场上慢慢堆起了一个小土坡,我滑到那里的时候就有点儿吃力了,但终究翻过去了,挺开心,回头藐视已战胜的小土坡时,那句话在心里闪现了——这么多年还以为早忘了,没想到那道符是一直贴在心上的。后来不得了了,操场不时地在我眼皮底下裂开了沟,这里一条那里一条,我只好脱下旱冰鞋,从跑改为走,只求一个稳;再后来,沟越来越大,我好累好怕,也跨不过去。我虽然意志薄弱,但还是有着年轻人的争强好胜。我不甘心,甚至觉得羞耻,不想因为数学不好就被定义为学习不好的学生,甚至被放大到缺乏逻辑思维，最后沦落成还没开启社会人生就被时代抛弃的人。我主动要求去补习，"这让本不富裕的家庭雪上加霜"，就这样，在数学和补习费用的双重压力下，收效甚微。后来，老师好心把数学成绩最好的女同学安排做我的同桌，可能是气场或能量场哪里打通了，那段时间我的数学成绩真的提升了一些。我发现学霸如她也有不自信的点，我绕不开那该死的数学，而她是因为密集的青春痘。我俩的日常就是她早早做完数学题，拿出小镜子看着青春痘叹气，而我盯着一望无垠的数学卷子发呆。我羡慕她的数学能力，她羡慕我光滑的脸蛋。她哀叹道："对女生来说，漂亮可比数学成绩重要多了。"我看着她气不打一处来："可你就算没有青春痘也算不上漂亮呀……""活该你数学差。"后来她要求调座位，就这样，本来燃起的希望火苗再一次熄灭了。

努力过了，争取过了，就像追求一位高不可攀的对象，不管决心多大，付出多少，仿佛都逃不开命运的安排——他始终是不可一世、不为所动的。我心想，不能让生命长河里的一颗小石子把我的人生毁了。我决定转向其他对我有意思的小伙儿，语文啊英语啊历史啊，我要成为这些科目的"渣女"，轻轻松松把他们拿捏得死死的。数学，你很好，但如此傲慢的话，这段关系是撑不下去的，咱们各自安好吧。

"数学是一切科学的基础"，这是我高中数学老师的口头禅。我怎么觉得他是在劝退我：往后余生从事的工作一定不要和"科学"沾边。大学毕业后，得益于我学生时期转投相好的"渣女"经历，我进入了广告行业，我与它的相遇简直是天造地设的啊。我的文字功底还不错，每次和文案老师们较量，让她们重新调整后，我都会收到严苛老板赞许的目光。在画面审美、音乐审美上，我也算能力在线，所以和摄影师、导演沟通起来游刃有余。但是，没有一份工作是能完全脱离数字的，广告也不例外。做方案需要调研数据作为背书；合同金额明细需要向老板报告；设计灯箱立牌需要算好尺寸，留好出血……职场上，在表述一件事时如果能娴熟地运用数字，会显得格外地专业。但这一切还属于小学算术的范畴，读过书的人都能应付。直到遇到迷迷糊糊、经常搞错数字的下属，我这么一个有数学创伤后应激障碍的人都诧异了："亲爱的，你这不是放下和数学的关系，你是放弃了自己啊！"

"数学是一切科学的基础"，我的高中数学老师没说过这句话是达·芬奇提出的。达·芬奇小时候没有学过几何或者数学，他的科学发明都是在取得绘画、雕塑等艺术成就后才逐渐展开的。我如果早点儿知道，也许就能摆脱对数学的阴影，以开放的心态学，学到哪儿就是哪儿，而不是当挫折第一次出现时就认定自己不行。

有时候，我们自我培养一种能力，可能真的是出于无知和无畏。小时候，我家楼下一家的小孩学小提琴，一到晚上七点，我爸妈就会把电视机的音量调大，一阵阵弹棉花的吱啦吱啦声随之而来了。最开始的几天，整栋楼的邻居都在这个时点同呼吸共命运，大家都想着再忍忍，一个小时很快就过去了。慢慢地，这样吱啦了大半个月，这孩子不停地练，琴技也不见提升，这可愁死了楼里几个脾气急的邻居，他们跑去小孩家敲门。然而，

不 急

家长显然是铁了心要培养孩子才艺的，几次拜访后，傍晚七点，弹棉花声依旧如期而至。再后来，有邻居咆哮着喝倒彩："太难听了，不是这块料就不要拉了。"这个小孩的心理承受能力比我小时候可好多了。邻居们感觉无望，慢慢地便自我开导起来：就当是培养自己的忍耐力吧。突然有一天，一首悠长的《梁祝》小提琴曲从楼里传出。怎么，出师啦？邻居们要奔走相告，开香槟庆祝了。可一打听，老师每周过来辅导一天，原来是他拉的。希望重燃时的欣喜，而后被迅速扑灭时的无力感，我们那栋楼的人全都体验了个遍。再后来，小孩子长成了小伙儿，琴技真的提升了，还考过了业余八级，就没再玩命练习了，偶尔练个手。听他说，老师觉得到专业级别有点费力，权衡利弊后他就决定止步了。虽然看起来没有一个完美的结果，但这就是生活的真相呀。生活并不会因为你有多大的热情，克服了多大的障碍，就给你一个 happy ending 或勋章，你必须有能力去承受能力有限这一真相。

能力是这样，你从无知，到不甘，到挣扎，到释怀，看清自己的局限在那里，可能只能止步于此，但不能抹掉止步前的经历，不能让一切归零，更不能从此不作为。凡是拥有过的、与之对抗过的能力都需要被好好保护，哪怕它不会再壮大，不会展翅高飞了。面对幼弱的翅膀，要持续供给养分，时常擦拭羽毛，再微弱的翅膀该扇的时候还是得扇，哪怕只鼓起轻微的风。

承认自己能力有限，可能真的是见过他人的优秀，发自内心地自叹不如。

调侃自己能力有限，也许是为了终止自己或他人不切实际的期望，因为在之前不断挣扎的努力中已经失望过很多次，不想再因更多的负面情绪而消耗自己，而是用一种豁达、通透的方式调整步调。

接受自己能力有限，并不代表从此给自己贴上"平庸"的标签。

为曾经努力的自己鼓掌，为面对新事物仍然跃跃欲试的自己鼓掌，为他人的优秀鼓掌，为不公平鼓掌，为生活的真实鼓掌——站起来鼓掌。

把上班当成一场大型真人秀吧

如今，一切皆可真人秀。从明星到素人，从恋爱到离婚，妈妈入职场爸爸带孩子，女人登舞台男人做家务，开个餐厅玩个剧本杀……但凡之前没做过的，做了会产生矛盾冲突的，都可以做成真人秀节目。

我没有立场批判真人秀，因为我本人也是真人秀综艺的受益者，且不说这个利益多少，但总归是得益的。

我也不好说真人秀是"真"还是"秀"。说它不够"真"，的确，每一集的时长决定了观众只会看到某一部分，脱离了前后语境，自然会产生认识偏差。只要不完整，你就不能说这是确凿的真实。说它是"秀"，就更有意思了，我们在现实生活中又何尝不是常常口是心非、言不由衷，比如佯装荣辱不惊呢？可笑的是，生活中总有人会说"难不成是有人举着枪指着你，逼你这么做的？"，让人无言以怼；但在真人秀里，你可以说，是的，的确有一排摄像机对着你，比枪还令人发指。

大概每个社会人都觉得真实太可贵了，所以才对真实那么甘之若饴。成年人的世界是环环相扣、权衡利弊、取最大值的社会。我们都希望获知真实的新闻，交到真诚的朋友，得到真挚的爱情，却慢慢地发现那只是奢望。只能一边妥协，一边狩猎。然而，心理需要慰藉，不如就做场秀吧，很真很真的那种。

到底多真才算"真"？没有比符合期待的"真"更像真的了。四岁的孩子得到老师的一朵小红花，马上破涕为笑，手舞足蹈，这份"真"很符合大众的期待；四十岁的职场妈妈得到老板的嘉奖，谦逊从容，还不忘感谢团队，这份"真"也很符合大众期待。所有呈现出来的样子，顺理成章，一气呵成，那就再"真"不过了。

不　急

对于如何表现真实，我们常常听到脱口而出的建议："做自己就好啦。"但是，"做自己"明明就是一个悖论啊，如果你"知道"怎样做自己，那你就不是跟随心意让一切自然而然发生；如果你不知道怎样做自己，那又何谈"做自己"呢？好比让一个从未跳过舞的人在台上表演两个小时，他能做的大概就是回忆一下过往看过的舞蹈片段，试着跟随记忆模仿一下别人的招式。同理，如果让一位刚毕业的学生去上班，与其说他在"真实"地上班，不如说他在"表演"如何上班——至少开始时如此，慢慢地表演才会浑然天成。他对上班的所有理解和向往，都是听大人们说的，看电影里演的。他"做自己"似的上班，其实是把自己喜欢的桥段拼凑在一起，变成"自己"的模样——可能是某种性格、谈吐、行事做派或造型打扮的集合。

我并不是要否定"做自己"，这个概念最大的意义和价值在于做一个让自己喜欢的人，别人的看法不能左右心意。我自知是一个惰性很强的人，每年都要休长假印证了这一属性。倘若不外出不见外人，我便整日蓬头垢面，在沙发上东倒西歪。这是真实的我，但并不是我希望表现出来的样子。我允许自己偶尔松懈，也会借此调侃自己一番。但长此以往，我会无法忍受自己。我在真人秀综艺里做创意方案时说："不断前进，就是我最舒服的状态"。嘉宾伊能静感同身受。这些都是真实的我，我更希望通过自己喜欢的样子，去抗衡那个自己不喜欢的样子，仅此而已。

比起"真"，我可能更佩服有"作秀"精神的人。不如跟着我走一遍每日的职场路线，你就能明白我在说什么。

早上，化妆、搭配服装必不可少，这是对职场和"观众"的尊重。一切准备就绪。接到网约车司机的电话，礼貌地道一声"谢谢"并准备迅速出门。穿好鞋，最后端详下镜中的自己做一个 final check：口红，完美；项链上的吊坠端端正正，perfect。心里默念着"Let's get started"。门在身后关上，带出一阵风。脚踩高跟鞋，膝盖要直，挺胸，收肋骨，肩膀下沉，脖子伸长——用等

不　急

电梯的工夫调整好站姿。坐在车里的时候不要整个人都陷进后座，坐好，放松，不能全程垂着头看手机，试着戴上耳机，听听音乐，看看窗外的景色，不辜负每一寸光阴。到达目的地，是的，司机总会开过头一点儿，总感觉当你说"就这里下"的时候他还是偷踩了一下油门，每一次都多出十米远。但是，保持微笑，不能露出气急败坏的样子，别忘了还是要说声"谢谢"。上班高峰时段，所有人都加快了脚步，唯有电梯门不慌不忙，关上的速度比老奶奶过马路还要缓慢，请收回想一直戳关门按钮的食指——你不是疫情间在App上抢菜。终于昂首挺胸地走到工位了，坐下时不要屁股占满椅子，不然大腿根会把裤子挤得都是褶子，上身挺直，先处理下邮件，飞快地敲击键盘可以加速进入工作的状态，至少看上去挺像那么回事。和同事的交流要有理有据，至于语气、动作，要按照自己定的人设去套用模板。

平时不争不抢，但关键时刻一定要抓住机会，输出有价值的观点。面试也好，和新老板面谈也好，总会聊到个人优势之类的。怎么说好呢？

扪心自问，人无我有的绝对优势就是夹蚊子和学青蛙叫。多少次夜里黑灯瞎火，我在半梦半醒中听到蚊子嗡嗡叫，便不动声色等到它靠近某个点，双指一夹，一小块湿润柔软的东西被我搓成了团。老公在见证了几次后，对身怀绝技的我俯首称臣，发自内心地双手作揖道："女侠饶命。"还有多少次，我女儿摔跤摔疼了，不肯吃饭，我用青蛙叫来分散她的注意力，现在她最喜欢的小动物就是青蛙妈妈。模仿青蛙叫绝对不是单纯地发出"呱呱"之音，而是在舌头根发力向下弹的同时，和口腔上颚产生对抗气流，从而创造似呱非呱的声力之美。

这些作为平时的打趣还可以，如果考虑观众需要的价值感，就必须调动可以拿上台面、符合职场属性，并且有积极意义的话术。

假设面对镜头，我会说：Well，我的优势就是，第一，我是一个懂得团队协作和危机处理的人。面对危机，我能一击命中它的要害。我不会用制造焦虑的方式呼唤同事、伙伴并肩作战，而是先以经验加直觉快速分析环境和对手，在时机成熟时冲锋陷阵，给伙伴足够的信心和心理准备，请他们在背后支援我。第二，我擅长更精更深地研究事物，不喜欢人云亦云，我会找到不同的角度和方式诠释其精髓。

……将这套说辞的逻辑套用在夸奖别人上，也很适用。

我参加过的那档真人秀已经播出三年了，所有真人秀都会有收官的那一天，但是那排摄像机在我心里一直保留着，当然只限于工作的时候。在走出家门的那一刻，带着这个心理暗示，我就会打起十二分的精神，礼貌待人，竭尽全力，面对一切开心的、沮丧的、突发的状况，保持冷静思考。

下班以后，我还是乐于做那个很会夹蚊子的青蛙妈妈。呱呱。

买本育儿书来对付你的同事吧

"这位妈妈,你没事吧?你以为生个孩子就拥有了全世界吗?""世界?哼,我孕育过一个宇宙呢。"

一个女人的自信,也许来源于她的学识、美貌、马甲线、朋友圈地位,甚至是交往了一位厉害的男朋友,但这些外显的因素却充满了变数,像昂首挺胸的蒲公英,说不准就被哪阵风吹散了。倘若患得患失地把一切牢牢握在手里,那也没什么自信可言了。但若一个女人生了一个可爱的孩子,健康,聪明,有一些稍微异于其他小孩的特征(比如头发自然卷啊,双眼皮比较宽啊,比其他小孩早戒掉尿布啊),那这位妈妈的自信则会坚如磐石,不会轻易被动摇,仿佛她的DNA得到了国际ISO认证，盖过印章。她可以自信到自认为能轻巧地应付孩子每一次的撒泼哭闹，直到把自己逼到崩溃的边缘，寻求孩子爸爸的帮助……别火上浇油了，正确方式是寻求育儿百科全书的帮助。

在养育孩子的过程中，妈妈会借鉴和运用很多工具。没有看过的人不会明了，育儿书能有多香。我不知道别的妈妈阅读育儿书的感想，至少我在看的时候犹如翻阅一本《人生真谛》。我发觉不论几岁，烦心的事情总绕不开那几样。总结一下，小朋友平日的哭闹大概离不开这几种情况：大人不懂我的需求只知道命令我，不和我商量就收走我的玩具，总强迫我吃蔬菜。与之对应的是我们打工人内心的三大呐喊：领导不懂我，客户不尊重我，同事点的菜不合我的胃口。看到这里，当妈的人大概会想，"多大点儿事啊，这都几岁了还闹心，我懒得理你"。No no no，妈妈的世界里不能有"懒"，也不能有"不理"，万一把孩子教育成现任同事的样子，不是要苦一辈子吗？妈妈最擅长的是发现问题，解决问题。

来，我们翻开育儿书，跟着我来"对付"不愿意合作的同事们。

假设一个情景：与客户开会过提案，同事忘记把调研结果和数据的出处在PPT里标注出来，老板当面指责他不专业、不严谨。会后，同事闹情绪，以做不完为理由消极怠工，决定第二天休假，把大量收尾工作留给你。

育儿书里反复强调不要急着去指责孩子，或告诉孩子要"怎么做"。最重要的是要先知道"他为什么会这样做"。要"赢得"孩子，而不是急于"赢了"孩子。我们只需要四个步骤：

第一步，表达出对孩子，不，对同事的感受的理解。"我觉得老板当着客户的面呵斥你，太不留情面了，你是不是觉得非常丢脸。"这个时候同事可能还对你爱答不理的，不要灰心，紧接着下一步。

第二步，表达出对他不合作举动的理解——不是宽恕。理解不表示认可和宽恕。"我记得刚接手这个客户的时候，第一次见面，老板就因为我没带投影仪和电脑的转接器当着客户的面把我劈头盖脸说了一顿。"不出意外的话，你的同事会嘴巴微张，抬起头望向你。

第三步，告诉同事你的感受，提出一个全新的角度（他没有想到的角度），让他重新看待这个问题。"到后来我发觉这其实是老板的一个策略，由他先于客户提出来，其实是传达一个信息，就是他平时很严谨很严厉地管理团队，就这一次放手，结果出现失误。他很生气，以后肯定会更严谨更严厉地对待下属，客户大可对接下来的工作质量放心。稳住客户，总比让客户对我们团队失去信心好吧？"这时，同事内心一定送了你一面"顾全大局"的锦旗，但还嘴硬地说："数据本身又没出错，就是出处那排小字忘记放了，至于抓着不放嘛！"

第四步，让同事主动关注如何解决问题。如果他没有想法，你可以提出一些建议，直到你们达成共识。

"嗯，我很理解你的感受。但是后天就要交修改稿了，明天你休假不来，你看我们现在怎么分工把这个完成了？不如晚上就发给老板，明天他有什么修改我一个人做就好。"他一定会暗自盘算：今晚发掉也不错，起码老板知道我还是很有责任心的。

See? Seal the deal!

其实我不只拿育儿书来对付同事，我还经常把对付同事的那套在我女儿身上实践。记得她一岁左右的时候，每次面对她顽强抵抗喝奶，我都觉得自己像在尾牙宴时劝同事喝酒："知道你好这口，我特地托朋友从加拿大空运来的""你的奶量我可是听说过，绝对不止这点儿""跟阿姨喝的时候那么爽气，在我这怎么磨磨叽叽啦？"奶瓶来回推搡，在我一套套话术轰炸下，女儿迷迷糊糊地就把一瓶奶给嘬干了。

都说人生如戏，我觉得更像一卷摄影的胶片。当你按下快门的那一刻，可能是被拍摄对象所吸引。等隔段时间想起来，拿底片去暗房冲印，一帧帧片段挂了满满一屋子，你心无旁骛地等待影像显现的时候，才恍然发觉每一张都暗藏了许多内容和信息。它们突然的袭击扰得你心烦意乱，准备夺门而出时，猛然回头，一览全局——有那么多情景是那么的相似，只是换了不同的人，不同的场地和时间。每解锁一项直达人心的沟通技能，就犹如拥有一把万能钥匙，可以把它用在职场、婚姻，甚至教育后代上。同样，对待客户的销售技巧也可以运用在叛逆期的孩子身上。谁知道呢？

愿你棱角分明，也愿你温柔绽放

临出门前，我打算戴上一顶棒球帽来掩饰一下没洗头的邋遢。翻找帽子的时候发现了一顶以前买的Anti Social Social Club的鸭舌帽，今天就戴它了。这个品牌的概念太符合我的心境了，我总是从内心排斥那些不痛不痒的"你好美""又瘦了"之类的泛泛社交，但又不得不藏起抵触的情绪表现出如鱼得水的样子。无论是带着还人情的心态，还是怀着没准认识了谁以后能派上用场的心思，成年人的世界不容易，而这种不容易，其实是因为太容易服从人情世故的规则。

今晚的饭局倒是例外，我不但不反感，还满心期待。因为是老同事聚会，所以不洗头也完全没有压力。（不知道是从什么时候兴起这样的说法：老同学聚会是婚外情滋生的摇篮。我觉得很有可能——学生时代，好多人都没长开，也不太懂得打扮，经过了社会经验和金钱的洗礼，当年坐在角落闷声不响的少男少女现在出落得令人过目难忘。学生时代的情史大多单纯，顶多一两个名字即可陈述完毕，于是为后来的重遇笼上一层神秘的面纱。但老同事聚会则完全不同，至少大概率来说，当时不可能的，现在但凡脑子清楚一点的，也不大可能蹚这场浑水。）老同事聚会唯一的主题就是畅谈过去，不提未来，谁要是说他计划收购一家广告公司，那其他人会互相使个眼色，"下次聚会别带这装X的孙子来了"。人到中年，有家有室，时间宝贵，大家愿意花一晚上吃个饭，聊些共同话题，就是想借着一桌旧人，让自己重回年轻气盛的旧时光。

聊到初入社会，一位发福的男创意说自己以前横冲直撞，就是个愣头青，如今被现实打磨得没有了棱角。我冷笑："我看你是被脂肪包裹了棱角。"大家哄堂大笑，

不 急

老同事的默契在于经得起冒犯。"哎哟，侬倒是比起以前来说话冲了嘛，哪能，开始中年叛逆啦？"他反击道。的确如他所说，在大家都棱角分明的年纪，我恰恰是那个小心翼翼、客气周到的女青年，回味起来我自己都觉得无聊至极。我太羡慕那些收放自如的同事了，可以拿老板开玩笑，还逗得她哈哈笑，和同事吵完架后还能约着共进午餐。我总幻想着等过几年我也能对此得心应手、手到擒来……要知道，和同事相处不只是说话那么简单，还包括暗地里的较量、相互挑战、捍卫己方权益等各个方面。当时职场经验甚少的我，虽然无时无刻不在观察每一个同事的性格与做事风格，但并不想被人过度瞩目。那种客气低调，并非我刻意营造出来的，而是疏离感能让我避免卷入一些暗战。不树敌也不站队，对于新人来说，最好的策略就是不发表尖锐的言论，没有棱角。

其实那位男同事只说对了一半，我的变化和叛逆没啥关系。身处叛逆期时常挂在嘴边的是大写的"NO"："我不要，我就是不想"。也许是我在常规的青春叛逆期太过消停，也可能我后知后觉，过了三十岁才开始常常说NO，并且觉得自己说NO的样子很酷。只是与十几岁的少年比起来，中年人不是为了显得酷而说"不"，而是因为终于有了说"不"的勇气，并因此感到自己终于"酷"了起来。我更愿意称之为棱角分明的底气。

中年人的棱角分明好像不那么聪明，似乎阅历越丰富，人就应该活得越通透，应该是一副很有智慧的模样。有聪明人总结过，过了大半辈子，发觉世间的事不过是"关我屁事"和"关你屁事"，若想通了这两点，便可举重若轻。我也许还未开悟，虽然有些事"关我屁事"，但我就觉得这件事就膈应我，只想对着它关紧门窗，或者另找出路。

我曾单方面宣布与一位朋友绝交。老板让作为销售的他转送客户一箱顶级红酒，却被他偷梁换柱，送到客户手里的是一箱他自购的价格少了近一半的中高档红酒。我听说后，就把他的联系方式都删了。或许也正因为吃亏的并不是我，"与我无关"，我才更想高举旗帜表明立

不　急

场。我自认为道德优越感并不强烈，对人性的贪婪也略知一二。但我似乎天生对于悲壮的、浪漫主义色彩的事物容忍度较高，对待贪婪也是如此；而不体面的、琐碎的贪小便宜实在是无法调动起我思考人性的动力，所以不假思索就把他拉黑了。

年轻时的我向往中年人的通透和智慧，如今步入中年的我却无比希望保持勇敢和率真。鲜活的生命力在中年人身上真是难得一见啊。正如柏拉图说的，"我们一直寻找的，却是自己原本早已拥有的"。

初入社会时，我们渴望被认同，成为集体的一员，总会有意无意地把翅膀收起，怕刚启航就撞到迷雾中的高塔。还记得小时候，我曾当着老师、家长的面把同学比赛犯规的行为一五一十地说了出来，尽管我一直都知道同学的爸爸是我爸爸的领导。当看到爸爸极力用笑容掩饰尴尬时，我感到一丝不安，在回家的路上一直不敢说话。到了家门口，爸爸突然笑眯眯地跟我说："女儿，你真是个有正义感的、勇敢的女孩子。"而现在，看看我自己的女儿，她不会因为黑巧克力加了高级的松露就假装它不苦，她吃进去还是会吐掉。

我们原本就是一个个棱角分明又可爱的人啊。尊重自己的感受，对让自己不适的事物说"不"。建立自己内心的规则，不被外在的诱惑打破。坚守自己小小的正义感，就不会左思右想，只顾得上权衡利弊。

小孩子勇敢和率真的棱角或许会得到宽容和温柔以待，这是专属于他们的幸运。前段时间，幼儿园老师跟我反映女儿推了同班的小朋友，我很感谢老师没有过度刻画，并且温柔地说："小朋友之间出现推搡很正常，我们希望家长知晓，但不建议严厉批评，可以和她聊聊整个过程。"我向被推同学的妈妈表示抱歉，她也平和客气地回应我："没事的，你女儿已经道歉了，她们还是好朋友。"我顿时一阵感动，一个孩子能被世界温柔对待是何其幸运，但我知道，如果一直保有勇敢和率真的棱角，又怎能奢望她今后一直被温柔善意庇护呢？

然而，纵然这世界上有一万种严酷的方法打击棱角

分明的勇气，我也会从中分辨出那一束带着温柔和善良
的光芒，用温柔而坚定的方式，去呵护每一份磨不平的
勇敢和率真。

"我出去抽支烟"

我前段时间做了一个vlog，用了《广告狂人》片头中的一段，结果被限流了，因为系统检测出该片段涉及吸烟。社交媒体上的禁烟风潮已有一阵了，只是我不知道。

经历过上世纪八十年代的人对香烟是司空见惯的。我从小就见过外婆、我爸、我爸的同事们抽烟，但对抽烟的好奇和好感则来自电影里美艳而少语的女人们，她们可能是特工、作家、老板或邻家女孩。阳光下大笑的美女，顶多让我心头一暖；但夜幕下抽烟的女人，哪怕隐约出现一个轮廓，也会让我屏住呼吸，忍不住琢磨，那个影像满脑子挥之不去。也许正是因为安排了许多抽烟的镜头，这些女人从不絮叨，惜字如金，情绪都在眼里。掐灭烟头的那一刻蹦出的话字字珠玑，一针见血。当时的我生理和心理都还没定调，看到这样的形象，心灵大受震动，心生浓烈的向往。

　　我第一次偷偷抽烟，大概是在十二岁。当时正值小学放暑假，平淡无奇的一个下午，我看到家里茶几上有盒打开的香烟，烟盒里还有十五六支香烟，我判断这是少一根最不容易被发现的数量。我心血来潮，突发奇想抽一支，于是跑到窗边点燃，试探性地嘬了一口。一股暖暖的气体稀薄地飘浮在口腔里，我没觉得苦也不觉得呛。没什么特别的感觉，但有乐趣——这和喝酒、撸串不一样，很虚，仿佛是一种意识形态层面的感受。我端详镜子里夹着烟的自己，手指纤细，不错；但弯曲的弧度不够松弛，掩饰不住硬拗的尴尬。我把烟送入唇间，不行，这肉嘟嘟的嘴唇不像那回事儿，应该是薄薄的、涂着鲜红色口红的，有那种看穿一切的犀利感。一支烟燃尽，我惆怅了：什么时候才能长大？！我迫不及待地想投入那个熟悉又未知的，那个从电影、文学、新闻和观察中建构出来的成人世界。也许正因为传说中的社会之路泥泞不堪、千沟万壑，所以我才有困知勉行的冲劲；也许正因为听说了爱情中的朝三暮四爱别离苦，所以我才想尝尝那缱绻旖旎的滋味。"心之所向，身之所往，终至所归"，实在倦了，不是还可以抽支烟缓　缓嘛。

　　我的烟龄很长，但生理并未成瘾，不太依赖抽烟给我的身体反馈，而是喜欢一支烟燃烧殆尽的过程。刚上班那会儿，办公楼每层安全楼梯间都设有抽烟处，那是个特别的聚点。开会时发现人不见了，去那里捞人；被客户的电话逼得无处可逃，去那里躲上一会儿；和男朋友吵架一晚没睡，去那里缓缓神；有眉来眼去的暧昧对象，心照不宣地去那里邂逅。而每次去，推开那扇门的一瞬间，就仿佛自己是一名从后台冲上舞台的报幕员，不知道会面对什么样的观众：有时是一堆人对你笑脸相迎，热情邀约加入话题；有时是两人猛回头，一脸惊惶，见了外来者后缓缓把头扭回去；有时是三四人窸窸窣窣聊得火热，丝毫不关心进来的人是谁，推门声打断不了他们。室内禁烟令开始实行后，楼梯道里的这些"避世基地"便都消失了，要抽烟只能去室外。我倒是挺开心的，一群人在乌烟瘴气的密闭环境里，着实不符合我偶尔抽支烟、透口气的需求。有时上午去抽支烟，结果一整天都要带着宛如"隔夜"的烟味，我的心情又怎会放松？

而我家呢，早就有禁烟令了，表面上好像是我妈占了上风，把我爸从客厅赶到了阳台，但她没察觉爸爸没有一丝权利被剥夺的不悦。爸爸很享受一个人在阳台独自抽烟的时光——大半辈子溺在婚姻大河里的男人，应该更珍惜这片刻的清净和抽离吧。人到中年，在外奔波忙碌，回到家虽然完成了从空间到心境上的转换，可以暂时不用面对外面的纷繁复杂，但一个家庭本身的重量总让人欲说还休——还是缄口不提，一个人消化消化吧。有些人反反复复，始终戒不掉烟，大概是戒不掉烟雾缭绕下独自清静的世界。

我和任何人约会，从不会刻意避讳抽烟。对我而言，这不是什么隐疾，只是一种习惯罢了。接受另一半抽烟，无非接受一种味道，纵容一个坏习惯，接受不同的处事方式，接受他所处环境或者职业属性的不同。有人如果就是接受不了，或许是把生活方式的不同看得严重了。抗拒可能出于不了解，或是对未知的排斥。在抗拒面前，爱的种子还未萌芽就已被扼杀。我怎能和这种对未知没有好奇心和憧憬的人共谱爱情乐章呢？！

但我也不是毫无避讳，至少在长辈面前不抽烟。我妈见过我包里的烟，但没见过我抽烟的样子，**心照不宣但不过界，大概是成年人世界里的分寸感**。我也不在女儿面前抽烟，但隔着玻璃房抽过，考虑到烟对小朋友的呼吸道不友好，一直保持着距离，但不想瞒着她。她有次跟我说抽烟不好，这小家伙不知从哪里听来的。可是"妈妈有时需要放松一下"，我和她相视而笑。去年春节，经历一整天的玩耍和照料，终于把她哄睡后，我真的需要放空一下，去阳台抽一支烟。春节期间的上海，路上没什么人也没什么车，静静的，冷飕飕的。看着对面楼房装扮得星星点点，耳边响起小家伙白天时说的话，不自觉嘴角上扬。老公开门探头进来，递来一只干净的烟灰缸。他矗立风口，搓着我的耳朵说："冷啊，抽两口好

不　急

进去了。"我心头一暖，顿感岁月静好，老公真好。

　　现在抽香烟的人好像越来越少了，抽电子烟的倒是蛮多的。越来越多的人渴望即刻拥有愉悦感，延迟享受的能力似乎退化了——为了抽支烟跑出门找个空地，那太费时间和体力了。直接把尼古丁吸进去，让身体产生反应，这是追求效率。我却没有那么喜欢电子烟唾手可得的快感，就好像有些菜如果不是只能在过节时吃，就没那么想吃了。

　　保留抽烟的习惯，至少我还能留一个借口，一个让自己抽离的借口。有多少无聊但不得不去的应酬、多少无所适从又不能立刻转头离去的时刻。"我出去抽支烟"，礼貌地躲避一会儿，能躲多久是多久。一支烟是一个时间计量单位，从点燃到烧尽，"至少我还有一支烟的时间可以透口气"。

　　下次如果你在一桌谈笑风生的人中，看到一个无所适从的中年女人，比如我，请你一定一定要走过来，邀约我出去抽支烟，我一定欣然接受。

还在较劲？那爱情还在

我恨你。

我也爱你。

哼，那晚上吃啥？

两个人热恋的时候，即便不和谐却也是合拍的，嘴上在吵，身体却缠在一起。夏天，他怕热，把空调温度降得好低，我说怕冷，就贴着他的身体。"那背呢，背要着凉的。"他说："那这样好哇？"于是，两个大手掌一上一下捂在我背上，185厘米的大高个儿，手掌盖在162厘米的背上，刚刚好，都能暖到。我常在背地里和好朋友打趣：这个结实的大块头像只藏獒，我在旁边像只吉娃娃。睡觉的时候，他的下巴顶着我的额头，时间久了，把我硌得不舒服。于是，我把他的下巴挪到我的眼窝上面，胡楂又扎得我生疼，赶紧移到脸颊……好烦，面霜都蹭到他下巴上了。男人好粗糙哦，皮肤干得像压过花纹的面巾纸一样，只碰一下他的脸，我的哪怕一点点水分和油脂都给吸收了。

我本不觉得自己是个多么"作"的人，可一恋爱就横不好竖不好，既要这个又要那个。就像北京的一位作家所形容的——是王朔还是石康，我记不太清楚了——在恋爱关系中一方老憋着一股劲儿，大概是："没多大点事，但就老是劲儿劲儿的。"

想起有一晚，我从浴室出来，一眼就看到他在闷头打游戏。前后一热一冷的，我手臂上的汗毛都立了起来，头颈冷得缩起，心上有点皱了。头发还有点湿漉漉的，脸上敷着一层厚厚的面霜，滋润得像刚喝饱水的白掌。我从他面前走了过去，坐在床的另一边。他呢，眼睛都没抬，直盯着屏幕。"你洗过澡了？""嗯。""那怎么还有香水味？"我没回，只瞟了一眼，这一看更不想理了。他没听见回答便放下手机凑了过来："洗好还喷香水啊？"我白了一眼："不要骨头轻了，沐浴露和香水同一个牌子的呀，Narciso 的，晓得伐？""我当然知道啦，粉的方瓶子，我们刚认识的时候我就觉得你的香水好闻。"我心里乐了一下，但又觉得不对了："你这个人怎么那么轻浮的啦，刚认识就闻人家的香水了。"男人知道这样说下去会没完没了，于是把身子挪了回去继续打游戏。我好像心里吃了一拳，一个反身骑到他身上，双手环着他的脖子摇着他的头叫道："你猪头三啊，空调开那么冷，皮肤干得要命，晚上还蹭我的面霜！鼻孔出气风好大，发型都被你吹乱了！……"我憋着一股劲儿没完没了地说，但就是不提他打游戏。热恋中的女人受不了一丁点儿冷落。"你有病啊！"他把我推开。我那奔流的火气冲到喉咙口来了一个急刹车，嘴上安静了，怨气还在心里横冲直撞。他关了空调，放下手机，坐到我对面，用手指梳着我半湿的头发："又怎么啦，心里又不舒服啦？我帮你揉揉。"我推开他的手："别碰我，我讨厌你。""你才不讨厌我呢。""我恨你！""我也爱你呀。"

恋爱，结婚，如今我们的孩子都快五岁了，婚姻也早就过了"七年之痒"。回忆过往，我不禁出神，甜蜜时我笑盈盈地看着那对可爱的小情侣，争执时我仿佛即刻掉进了当时的身体里，不管多么久远都能感同身受。

细细想来，爱上对方的那一刻，就是和对方较劲的开始：有意无意地展示他无我有的优势；故意装作不在乎——好不容易到了周六，下午要打篮球不能陪我？好呀，我会自己找乐子，我朋友也很多，打扮得美美的在朋友圈发自拍——我可不是离开男人就活不了的。

而爱上对方的那一刻，也是和自己较劲的开始：他好像不怎么喜欢我穿这种宽松的衣服，我要匹配他的喜好，还是保持自我？要不只稍微改动一下搭配吧，显得不是刻意迎合？觉得我游戏打不好？偏偏猛练打好了给你看。

谁不想来一场势均力敌的恋爱？较劲又何尝不是一种长情的相互成就呢？他不只是你爱的伴侣，也是你尊重的对手。你会不自觉地与他比较进度条：你希望眼中优秀的他以同样的角度凝视你。你不放弃和他眼中的自

不 急

己较劲，也不停止和你心中的他较劲。

慢慢地，我们不会像恋爱刚开始时那样，用任性的方式赢得关注，也不再用放大镜观察纠结的情绪。

前段时间我重看了电影《蓝色情人节》，平静而扎心。电影里人物的经历和我没什么关联，但是它所描绘的从恋爱到婚姻的心境变化堪称典型。让那段婚姻走向末路的原因似乎是一些很现实的问题：妻子辛勤工作，希望家人能过上更好的生活；丈夫平日就喜欢弹弹吉他喝喝啤酒，"不务正业"；妻子和丈夫的学历、原生家庭的背景大相径庭，婚后二人疏于沟通、心生隔阂；等等。我不否认，在婚姻生活里，爱情很容易被现实消磨。理性的观众会说，他们就是两个世界的人；但恋爱时他们并非不知道现实的差异。在浪漫关系中，爱了就是爱了，顾不了那么多门当户对的条件。男主在爱中认定了女主，较着一股劲儿似的，不管她肚子里的孩子到底是谁的；女主在爱中认定了男主，就算他学历低，工作不稳定，也要痛甩前男友，与他携手步入婚姻的殿堂。后来，消磨了爱情的到底是什么？是时间？是穷困？我觉得是放弃，是打从心底的放弃，不想再去较劲了。

前阵子，我一直抱怨带孩子腰酸背痛过于辛劳。像所有夫妻一般，老公觉得老婆太宠孩子，方法不当导致辛苦重重。一次次的争执后，他决定，在即将到来的假期里带孩子远走异地去旅行，让我轻松几日。我刚听到时居然有点手足无措：这算是爸爸对妈妈的挑衅吗？但真的，多亏了他的较劲，成就了我几天的轻松自在。

在他回家的那天晚上，我们决定出去吃晚餐，来次久违的约会。我提前在我们以前常去的餐厅订好位，我勾了眼线，涂上口红，喷上香水，找出生宝宝之前买的Alaïa针织连衣裙套上。裙子真的很紧，我让他帮我拉上后背的拉链。"嗖"的一声，他打量着镜子里的我说："没放弃自己的身材哦。"我笑道："那是，我怎么能放弃让你赞美我的机会。"

出门前我回头看了下镜中的我们：爱情还在，真好。

看不到未来的前任们

前任，在我这里大概分两类：我欠他多一点的，他欠我多一点的。

前任是个既禁忌又需要坦然面对的矛盾复杂体，特别是当一群朋友聊天一不小心被提起时：避而不谈，就颇有还没放下的嫌疑；大聊特聊，则显得很心虚，好似在刻意掩饰什么。总之，进退两难。

真的要开始追忆过去的恋情了吗？我一直督促自己往前看，人一旦开始回忆过去，是否在某种程度上代表了人生已过半，或是对前方的路已大抵猜得七七八八了？偶尔回忆下过去的精彩时刻，算是在健康饮食的间隙开了一包薯片，无伤大雅地开开胃口。

相爱时的甜也许要经历分手的酸楚才能显现出来，相爱时的酸楚则因为分手便不觉得那么难以忍受了。如果说爱情电影里男女主角相爱时的甜蜜镜头是对单身人士的虐待，那分手后再次相遇的片段则是对所有人的虐待。那种纵使心中翻江倒海，也绝口不提一字情爱的深情，是极其动人、让人动情的，看得我都想经历一次刻骨铭心的分手了——或许凄美的爱情更值得被书写。谁在年轻时不想谈一场能被书写的恋爱呢？

一位男性友人曾经得意忘形地跟我炫耀，说他每一任女友跟他分手时都痛苦不堪。她们都觉得"你平时对我那么好，怎么说不爱就不爱了呢。"对啊，怎么会说不爱就不爱了呢？连下雨之前都会飘来乌云，有迹可循。大自然包罗万象，日理万机，即便如此也都会顾及小蚂蚁，让它们感受到暴雨来袭前的迹象，好让它们找寻退路，做好准备。而区区一个对象，却如同神明，给你爱，也收走爱，他说了算。但是，没有哪种爱是可以说收就

收的……即使爱来的时候可能很突然，很巧合。以有限
的见识，我无法理解这种说不爱就不爱的关系会存在，
它一定会有蛛丝马迹，只是你没有觉察。但往往正是因
为这样的思维，被分手者才会痛苦不堪，不断去抠回忆
中相处的细节，深陷其中，无法自拔。怎样走出来呢？
每个经历过被分手的人答案都不太一样吧，但基本上就
是让时间冲淡记忆，记忆中的细节变模糊了，便过去了。

　　每一场爱情都有她的出路，相伴下去是出路，分手
也是出路。

　　分手见人品，这句话曾广为流传。把它放在主动分
手者身上，体现的是一种社会性成人礼仪，就好像吃饭，
吃着吃着，你打算离席了，那把单买一下吧，反正也付
得起，愧疚感会得到一些纾解。做人再高尚一点呢，遇
到下一波续摊的人问起，你不去抱怨刚才的饭局有多无
聊，菜有多难吃。

　　若是放在被分手者身上，分手时的反应并不能见人
品，至少是等冷静了才能见人品。我不敢去设想，还在

头脑发热的时候，听到前任的坏消息，会不会幸灾乐祸。人不到万不得已是不敢去揭晓自己的阴暗面的，但我敢保证，要是听到他发达的消息，心里肯定五味杂陈，开心不起来。当然，人品也见于别的方面，默默关注对方是一种，纠缠不清是另外一种。

纠缠不清的前任让人心烦，越一意孤行越招人烦，其程度不亚于王熙凤看贾瑞，不光烦还有点看不起。是的，我知道你可能不甘心，或者如你说的对我恋恋不舍；但这是你的事情，你需要自己去处理。与上一任分手的时候，我同样难过，就算每天以泪洗面，也只能忍着，在深夜独自舔伤。都已经不被爱了，难道还要被看不起吗？被人辜负和辜负别人是恋爱的常态，忍住吧，就算不甘心。爱没了，能保住的就只有尊严了。

我有个女性朋友，她拥有最"完美"的前任，平时与她并不联络，也从来不发感情生活的图片，只是偶尔会给她的朋友圈点赞。有一次她再度失恋，试探性地给对方发了一条微信，那边立即回应，以最快的速度跑去安慰她。最完美的前任，也许是他人最不靠谱的现任。我不知道他现任的关系网络，不然真的很好奇，他对我的朋友到底藏了多少秘密，他在等待打开多少属于前任的抽屉。还好我没有这样的前任。拥有完美前任，代表了你以为永远有回头路。还好，我的现任不是他人这样的前任。不过，谁知道呢，没发现前就当作没发生吧。

分手的原因有很多种，但说辞无外乎"看不到我们的未来"。其实正是你看到了未来，所以退缩了。我长大了，不像二十几岁时那样期待电影里的重逢。如果一定要遇见，我希望自己化过妆、洗过头，他剃过胡子、喷了香水，有白发和皱纹不要紧，但各自清清爽爽，精神抖擞。寒暄几句，然后各自向前。

男人那么多，我还是喜欢基本款

　　小时候看电视剧，只要看到其中的角色面临要么爱情、要么其他一切的选择，而难以取舍时，我心里就会默念：来了来了，马上就要出现那句话了"……女人如衣服……"。偏偏这句话听来特别刺耳，也许这是我女性意识初现的时候。说出这样台词的角色通常是鲁莽、没脑子的古惑仔跟班，或者是外表彪悍、内心软弱之辈。现在我不大看电视剧了，不知道编剧们是不是还在用这句"经典"台词。但是，如今的社会环境对这句话的容忍度可没有过去那么高了。一定会有很多"大V"发声，表达"物化"女性不可取的观点。的确，把女性比作衣服，在字面意义上就是把她物质化了，而且背后还隐藏了一系列逻辑：价格，功能，渠道，品牌（出身）。女性并不想被分成三六九等。

　　同样的，男人也不喜欢被比喻成衣服吧。但事实是，很多时候女人对衣服的爱会多于对男人的爱，我就是。就算在恋爱空窗期，我也不会天天想着去认识新的男人，而是没有一天不去网上浏览新衣服，去 Vogue Runway 上看品牌的最新发布。一件新衣服带来的满足感是什么样的？举个例子，但凡能找到反光的物体，我就会抓住机会多欣赏自己一会儿。那种愉悦感可比男人夸我一句更滋润心田。所以，我接下来如果说了什么冒犯或者"物化"了男性的言论，请男人们不要"像女人一样小心眼"啦。把重要的事情轻描淡写一带而过，就事论事不谈感受，这是跟你们学的。

　　关于衣服，我真的有很多的体验可以拿来讲上三天三夜；关于男人，我也可以从五六七八段恋情中提炼出一些心得。

　　我在二十七岁时第一次去巴黎，在出国前就下定决心拿出一部分积蓄来小小挥霍一下。我在香奈儿的店里买了一只黑色小羊皮银扣的CF包包，那可是我人生中所拥有的第一个上万元的名牌包。很多女生可能会希望自己第一件蓝血品牌的奢侈品是包，因为它利用率高，可以天天携带，又比外套的价格低。奢侈品的销售是那么云淡风轻，接待我的女士是一位年近五十的优雅的法国女人，她一身黑衣，卷曲的短发随意地别在耳后。她夸奖了我蓬松的头发和选包的品位，"要知道，很多人担心以后使用时表面会留下划痕，所以会选荔枝皮；但在我心中，细腻的小羊皮才能体现CF的优雅"，她微笑着对我说。她准备去取新包，为了让我在等待时不无聊，又递来了几件新上架的外套让我试试。这就是销售的艺术，让一切自然而然地发生，买单也就水到渠成，皆大欢喜。

我其实还没准备好在这个年龄就接受像香奈儿这样serious的外套。我知道当下有很多小女生，比如二十出头的富家小姐，已经穿上整套香奈儿和迪奥了，而且人和衣服非常和谐。关键就在于和谐与匹配。我当时就是觉得自己和这些华服不协调，从内心觉得配不上这些衣服。我也不认为这是在物化自己，而是觉得像我这样在平凡家庭长大的孩子，上班后接触到时尚行业才知道这些品牌的存在，它们本来都在我的wish list里，但有一天真的"幸临"了自己，又会无所适从，感觉接不住。

我小心翼翼地试穿了几件香奈儿外套，期待着像灰姑娘穿上水晶鞋——顿感周身熠熠生辉。而事实是，我更像在偷穿有钱婶婶的衣服，并且对比之下显得我穿的那些牛仔裤和T恤是多么寒酸，如同一盘咸菜里落入了一颗夜明珠，不知所谓。

要知道，我在职场打拼的年代鲜有"富二代"之说，在上海奥美二十六层的办公楼里，不到三十岁便背上香奈儿的，我是第一人。刚才我还在为自己年纪轻轻就能买下一只香奈儿包而自豪，但优越感马上被这几件无法驾驭的外套羞得荡然无存。我本来里还默默盘算，如果穿得好看，值得拿下，就来一次飞蛾扑火式的消费，不枉此行。

就是这么自然而然的，在我兴致缺缺地脱下一堆外套时，那位优雅的女士再次出现，她没有过多地询问，所有答案都写在了我稚嫩的脸上。把包和收据递给我的同时，她再次肯定了我对包的正确选择。而我还没有从刚才的失落中走出，她夸奖我品位独到，而我自觉当之有愧，之所以选择CF，是因为它的包扣有个明显的双C的logo，比起2.55那一款的品牌标识度更高。

可能，在为一笔花费思考时，思路和态度多多少少与选择伴侣的思量重合。

一些年轻女孩渴望有一个自己仰望的男人做伴侣。但因为太年轻，凭自己的阅历无法判断对方是什么"档次的品牌"，只能靠一些外在的配置和标签来循序渐进地对对方产生兴趣。以前，公司里如果有空降的男性创意总监，account部门的美女阿康（客户职行岗）和秘书就会聚到茶水间或楼梯吸烟区，把各自听来的消息分享出来，拼凑出那个男人的完整画像。"从香港李奥贝纳广告公司跳槽过来的"代表比现在的创意总监的工资高，待遇好；"得过两次戛纳广告奖"说明有才华，专业很强；"在纽约总部待过两年"等同于英文好，混得开；"art base"大约等于专挑漂亮的女同事"下手";"刚满三十岁",那他基本上就是待开采的金矿,因为广告行业里90%的人在这个年龄都未婚。有了以上标签,如果这人脸没坑、头没秃,那基本上就是他了——一个理想伴侣。

年轻人涉世未深,很多时候是在靠自己的想象力谈恋爱。account 的女孩会喜欢创意男,比如我,大概是出于对学艺术的人的想象吧。学艺术的人很浪漫,约会应该是去美术馆,结果他最爱在家打游戏;学艺术的人很细腻,早上发呆是在欣赏天边的那朵云,其实他只是起床气还没散去;学艺术的人讲究美感,周末你想做个好吃且拍照好看的 brunch,他却看着身后一堆锅碗告诉你今天阿姨休息。

慢慢成熟后,再面对一个看似理想的伴侣时,不太会一厢情愿地先和自己的想象谈恋爱了。有了自己的判断,看到的和听来的就只是一些关于他的信息,不会加以美化,也不会去脑补,甚至延展出一部偶像剧。不是人变现实了,而是不愿让想象力去合理化缺憾,去丰富恋情本身。

　　大多数人买奢侈品的进阶史大抵相同，随着消费理念越来越成熟，消费能力越来越强，注意力便从包和鞋转换到时装上。买衣服的心理也成熟了，既然都花了这么多钱，不如买一些可以看出设计感，或一眼上看去就与众不同的吧。我记得买过一件巴黎世家的茧型外套，是天才Nicolas Ghesquière在任时期的设计，这也注定它是一件不寻常的衣服。它仿佛一件暗红色的钢琴烤漆的雕塑，表面光滑锃亮，内衬是一层厚厚的太空棉般的材料，不容忽视。它外轮廓简洁圆滑，而腰间和胸前的缝线却给人一种严谨且苛刻的紧张感。穿上它，就像置身于时尚摄影师导演的科幻短片。T台上模特的演绎完美无瑕，万众瞩目，这样的服装被我穿到了日常生活中，我是何等的无畏。一次，在拥挤的办公楼电梯间，手机响起，就在我把手缓慢抬起来接电话的那10秒，袖子和身体面料的摩擦发出了滋滋嘎嘎的声响，那瞬间，我仿佛一副生了锈的盔甲。

　　我真是一位具有时尚品位的女堂吉诃德。

　　后来，这件衣服被我挂在衣橱里，和与它配套的衣架、袋子在一起。起初，我会时不时鼓起勇气试穿一下，真好看啊……我还是会发出这样的感叹，但一想到当天还是会搭乘电梯，会接电话，就默默换了其他的外套。一旦你发现它不适合日常生活的场景，再高贵美好的外套也是可以被替代的。慢慢地，我也不再穿它，甚至忘了它的美好。直到有一天，我为搬家收拾衣柜时，意外发现它的表层开裂了，有些片状脱落的地方，摸上去黏糊糊的，破败不堪，连搬家师傅都问我："就这，你还不扔？"我当然惋惜啦，它曾经那么高贵、前卫。

如果时装有三六九等，在我眼里，最糟糕的就是那些既不好看又不好穿，但通常会冠以一个华丽深奥的设计概念，让人在迷迷糊糊的状态下买单的。其次是华而不实的，出一时的风头，也会留下几张绮丽的照片点缀回忆，但终究不适合长相厮守。而面料上乘、设计真诚，可以耳鬓厮磨的，别看它是简单的基本款，那可是经过千锤百炼的纱线、工艺和精准度量共同成就的。它代表了可靠、讲究、低调，足以守住一件服装的尊严和体面。

　　前几年，我的一位时装编辑朋友在巴黎荣军院观看巴黎世家经典款展的时候，给我打了越洋电话，说看到了我那件的同款。得知我那件已被丢弃，朋友表达了深深的惋惜。她作为时装人特有的深厚情愫我能理解，但我已经沉淀并筛选出了适合自己的品位与喜好——衣服那么多，我还是喜欢基本款。

　　男人也是。

爱挑刺的人却不会吃鱼

　　结婚前我和蛮多人约会过，有钱的没钱的，又高又帅的和不高但还算帅的，自然认识的和朋友介绍的。我没为约会对象设置过标准或明确的分界线。对于任何新鲜未知的事物，我都抱有极大的兴趣，想去探索一番。约会当然也是我乐于尝试的事物。

　　不过，出于对已婚人士不成文的道德约束，婚后的我们一般不会追忆有关现任之外的任何浪漫回忆，就算和朋友聊着聊着气氛到了，也只会挑选可以开怀大笑的部分拿到台面上说道说道。那些令人面红耳赤的记忆片段，可是大忌，体面人早就有意无意地把它们埋进土里，压上大石头，寸草不得生。前任，谁？你不提，我都不记得这人了。要不是和好朋友约了这家餐厅，我差点儿都忘了曾在这里的约会。

天哪，餐厅居然还在，都十几年了吧。上海的餐厅往往几年就来一次大洗牌。我们常常为餐厅贴标签，如同挑选时装和结交朋友：这几家适合商务宴请，这几家适合在节日里与长辈聚餐，这几家适合和刚认识的对象约会……有时候换一波朋友就意味着会换一波餐厅，恋情更是如此。十几年后，餐厅的招牌还在，只是不出所料地增加了几味料理——仿佛在某个月圆之夜，所有厨师聚在一起开了个行业会议，决定第二天每家餐厅的菜单上都添上几道：鹅肝、黑松露和鱼子酱。貌似高级，吃起来却乏味透了。

那次约会，我挺开心的，全程将笑容挂在脸上，不是那种被丘比特宠爱的欣喜，而更像一个观众正看一出舞台剧的solo表演，像猜字谜，或看别人做心理测试——通过约会对象的表达来拼凑他的人格五维图。刚落座，我便赞美了他选的餐厅的环境，很自然、笼统而简洁的赞美："这里环境不错，杯子选得很用心。"我想，没必要对每个角落和细节加以评论吧，又不是面对餐厅老板。"这里的lighting还需要再精致一点，冷暖光平衡一点就好了。"他说，好像在做财务审核报告。我扫视了一圈屋里的漫反射，说道："哇，做金融的还对室内设计这么有研究。"其实我都不太清楚他到底是干什么的，对把钱搬来搬去的我都尊称金融从业人士，就像很多人会把印灯箱片的和4A公司的都叫作广告人。显然，我脱口而出的恭维有点儿经不起推敲，他似乎认为我对他的精致和深度还没把握到位。于是，他开始加码了。第一道生蚝拼盘端了上来，他就对吉娜朵居然是该店能奉上的最高等级的生蚝表示不可思议，还不屑地评论旁边配的其他生蚝更是滥竽充数，是专门宰不懂经的土豪的。如果有选择，他宁愿点整盘的澳洲岩蚝。内行的选择无关价格，老饕会偏爱金属味重的生蚝。

　　我挺喜欢看一个人高谈阔论的，特别是不熟的人，从中大概就能推测出他对待客户或快递员的模样。"你对饮食的偏好呢？"他问。"不特定，好吃的都喜欢。"我

不 急

浅笑着答，心想选好了餐厅你才问我对菜系的偏好……
我对待不感兴趣的人或事，一贯原则就是敷衍但不失礼
貌。就这么生硬地聊着天，也可以说全程都是我在听他
讲各种经历和见闻。我没有说太多，如果不会再见了，
何必留下那么多关于自己的线索呢。

我理想的约会是内心小鹿乱撞，眼底尽是他，闪着
光。显然，这是一次失败的约会。

吃完主菜，我没有点餐后甜品，倒不是想马上离开，
而是觉得甜品对于约会中的男女来说是一份未完待续的
暧昧，表示心满意足并期待下次见面。他坚持要为我点
一杯他喜欢的鸡尾酒，以泥煤味威士忌作为基酒特调的。
我猜这是他的保留剧目，想听听他接下来的演讲，便没
有推脱。当我啜第一口的时候，他说："是不是有月亮与
六便士的味道？"当下，我和毛姆都呛到了，我含着泪
回道："的确，这味道就值六便士。"我用不合时宜的幽
默感给这出戏画上了句号。

诚然，一个爱挑刺的人，通常是一个要求很高的人，

至少对别人要求很高。我自己也是这样。最近的一次搬家让我斗志昂扬。搬家总给人一种"再活一次，重新做人"的错觉——要总结之前的经验，把以往得过且过的隐患给揪出来，如同给鱼剃刺，铲除个干干净净。

作为女主人，我的版图可不能只局限于衣橱中的衣物和洗手台上的瓶瓶罐罐。我要做生活的强者，当有客人光临新房，我不只可以光彩照人地在门口迎接，还能从容地宴请宾客。若有哪位不请自来，直捣后勤重地，借着家长里短的话题自作主张地打开厨房里一个个抽屉，那简直就如同审查女主人资格证书一般，是在挑衅。决定我证书真伪的就是对橱柜里食材、酱料的规划，以及对厨具的摆放了。

我快速浏览了新房里所有的厨房用品，比红楼梦里的人物关系还复杂，比川久保玲规划旗下主副品牌还要烧脑。于是我给阿姨留下八字方针："合理规划，唾手可得"，然后拂袖而去，留下她在原地石化。过了几天我回到家，审查阿姨整理的厨房，只能说——和我的方针毫无关系。那么，到底是我这个管理三家公司的人不

不 急

懂规划，还是每天柴米油盐的阿姨不懂生活？我冷静沉着地开始乾坤大挪移，重新安置碗盘杯壶量筒，一边摆放一边说明我的思路，"就近原则""二八法则"全盘托出。看着阿姨敷衍却不失礼貌的笑容，我很想请她喝一杯"月亮与六便士"泥煤味威士忌酒特调鸡尾酒。

到了春节，阿姨休假回了老家。我下厨时拉开抽屉，仿佛进入了网飞热播剧《艾米丽在巴黎》的世界：旧的元素，老的套路，只是餐具都挪到了不一样的地方。我一边怨恨一边顺利地烧好了一家人的晚餐。吃完饭，我想通了一件事，让每天都在厨房干活的人决定吧，我用得不是挺顺手吗？应该学会放手，学会闭嘴，学会看懂别人的专长。

每次女儿吃鱼，我都谨小慎微，生怕她被刺卡住了，小小的人可受不了这个罪。但如果我妈在，我就特别放心，我小时候都是她帮我挑鱼刺，一次差错都没出过。但我发现挑好刺的鱼肉她往往一口都不碰，大概过程投入了太多"挑刺找碴儿"的精神，反而对成果无感了。

或许每个人身边都有过一个凡事都喜欢"挑刺"的朋友。去路边摊，他挑剔油不好；去高级餐厅，他嫌弃香槟杯碰杯时没有发出水晶般的清脆响声；去旅游，他指出排队安检的路线不合理……等等。然后，热气腾腾的蛋炒饭、冒着气泡的香槟、期待已久的度假之地都让我失去了勃勃兴致。有时我会想，挑刺时也许根本就无所谓结果，也没有所谓期待，他知道自己擅长什么，并沉浸于其中，挑出来的刺是能力的勋章，而鱼肉嘛，其实他一口也不想碰。

成人礼与热玛吉

　　我小时候，社会上有过一阵出国热潮，无论去日本打工，还是去美国留学，都会被称作去国外"镀金"。这个"金"恐怕不光是金钱，还意味着属性上的升级——好比首饰，铜胚样和黄铜镀金，那流通的市场就不一样，溢价空间也大不同。我的舅妈是位生物遗传学博士，有次来我家做客。当时我在念小学，舅妈说在考虑去加拿大定居做研究，她和我爸妈聊着聊着，忽然转过头来问我："你以后想来加拿大念高中吗？"我懵了，压根没想过那么遥远的事情，仿佛一个实习生被问到将来是否想跟老板去纳斯达克敲钟，无法做出任何回应。等我回过神来，才想起我曾向往成为电视里的美国女学生，她们太自由了，可以恋爱，可以穿超短裙。加拿大也一样吗？我怯怯地问："加拿大的高中有毕业舞会吗？"这个问题可把博士生问懵了。她一阵狂笑——这也是我喜欢舅妈来家里做客的原因，她直白奔放的音浪让我家的频率终于有了起伏。

没错，我的这位舅妈是第一位让我形成"反刻板印象"意识的人物，她和电视剧里刻画的女博士很不一样。记得她住我们家的时候，常常把广播开得很大声，听到熟悉的歌曲就会跟着手舞足蹈；午餐吃得开心了就去开罐啤酒助助兴。我最喜欢晚饭后听她一边抱着吉他唱歌，一边和舅舅聊天。在我印象中，这个高学历的舅妈好像并不是什么都懂，反倒对什么都好奇，总会问我"为什么"。等我说出想法后，她就一阵大笑："太有意思了，你这样想太有意思了！"她笑得真诚极了，让小小的我备受鼓舞。关于"高中毕业舞会"这个提问，她显然也觉得很有意思，为什么会提这个问题？因为高中毕业正是步入十八岁时，正想要迫不及待地推开通往社会的大门，探头看看外面活色生香的世界。

不 急

　　到现在我还是会为没有经历过"高中毕业舞会"而感到遗憾——高中毕业舞会就是成人礼呀。多希望在青春时代能堂堂正正地经历一次"少年维特的烦恼"。在蠢蠢欲动的年纪，我的多愁善感、我的表达欲无处释放，所有的精力只能用来对付高考，令人沮丧。高考让一张张青春的脸庞埋在考卷里，而如果有毕业舞会，莘莘学子会挺起胸膛，这样的平衡，是多么必要！

　　虽然我不止一次在时装杂志上为十八岁的自己挑选心仪的礼服裙，但是让我着迷的不只是舞会本身，还有准备过程中那些乱飞的小心思——"那个我为之心跳的男同学会因为我平时的故作姿态而邀请别人吗？""如果他邀请的是我最好的朋友，我该怎么办呢？""如果邀请我的不是我心中首选，我又该怎么办？"我想，一定不能将就，更不能草率，这和偷偷摸摸的早恋不同，这是光明正大地以成年人的姿态身体力行自己的恋爱观。我要对自己的决定负责，这可是我的恋爱第一修正案。

　　如果一切遂愿，那舞会当晚必定是我人生的第一个高

光时刻。我想我会给当时的自己选一件Giambattista Valli
的奶油色雪纺V领裙。细窄的V型领口，位置一定要找裁
缝修得刚刚好，比一般项链再下去三根手指的位置最妙，
释放少女不沾脂粉气的放肆气息。高高的腰线，下摆是廓
形而克制的蛋糕裙的层次，外层的纱点缀着小花小草图形
的刺绣。整条裙子虽然修身，但还是呈现H型。礼服裙就
该这样，好似人体画上被滴了水珠，笔墨晕开，让人看得
朦朦胧胧。头发就散下来，蓬松的自然卷。我比谁都清楚
自己的优点和与众不同之处。如果来得及，在头发上再别
几朵小野花。按照我的性格，我一定会在出门时临时改变
鞋子的搭配——怎么看都觉得小高跟皮鞋扭捏做作，蹬上
匡威帆布鞋出门吧。

也许正是因为缺失成人礼，没有一个仪式让我有开
启人生不同阶段的意识。什么时候"我是个大人了"？
我对此的记忆非常模糊。我没有那种"什么年纪做什
么事"的思维，有时甚至觉得日子好像过得浑浑噩噩
的，没有前瞻的理财观、储蓄观，也没有理智的恋爱择

偶观，总是凭感觉行事。或许就是没有经历过刻骨铭心
的仪式，也就不会知道仪式感有多重要，以至于我在结
婚证领了两年还没办结婚典礼。当时的我总觉得仪式就
是走个形式，而这个形式还需要我付出大量的时间和精
力。对办婚礼的妥协让我意识到作为大人无奈的责任
感——就算是对大家的交代吧。经历了婚礼仪式，我有
了意识上的紧绷感，当着来宾说的誓词有多真诚，以后
执行起来就得多严格。我是公认的人妻了。

　　一个平常的早晨，我画着眼线时，眼角一条很深的
鱼尾纹赫然入目，我马上对镜立正："我是个大人了"。
终究是女人，再鼓吹自由洒脱，一面对皮肤松弛和皱纹，
神经就立马紧绷了起来。于是我做了人生的第一次热玛
吉，没错——抗衰项目。

　　热玛吉何尝不是一种仪式，熟女的仪式。和购物不
同，买个几万元的物件只有花钱的爽快，有时或许还夹
杂着些许质疑和挑剔，那短暂的购物时光里都是导购贴
心的端茶送水、微笑奉承，这种享受是单向的、不入心

的。而热玛吉不是，整个过程非常之痛，这种痛远远超出日常保养所需承受的程度。痛给我留下了深刻的印象和来之不易的庄重感，痛能一点一点削弱怀疑，让我没有余地地相信：痛苦换来的必将是美好的未来。机器停下的那一刻，我宛如新生，重返人间。我当下决定，虽然衰老会愈演愈烈，但我不会再做第二次。至少近十年内。十年之后，我也许会迎接一个更热烈的仪式。

近年来，高频出现的陈词滥调里有一个是"仪式感"。仿佛每个月都有节日可以庆祝，每一天都要咖啡、鲜花来犒劳，哪怕泡个方便面都得加片cheese来增加仪式感。从毫无仪式的童年到仪式铺天盖地、令人无处可逃的现在，那些被冠上各种名号的仪式感让我变得麻木，它们仿佛自发性高潮一般，让原本深刻而美好的事物变成重重压力。我渴望深刻并具有启发性的仪式，所以会为它们被滥用而感到惋惜。

人生需要仪式，但一两个就够了。

这颗苹果，吃不吃由我

　　二〇二二年四月十号，上海，晴，空气质量优。今天，不上班也不上学，倒不是因为是周日，这可不是平常日子里的周日，全上海正在实行足不出户的全民防疫政策。就在码这几行字时，我的微信不断跳出群消息。这段时间里我大概跟了七八个团购，都是小区里有渠道、有魄力的居民自发组织的。我怎么也不会想到有一天我会团菜、记账，夜夜到一点，细想起来既荒谬又无奈。大概是过去生活得太便利，不会去细究，当有一天要计算一家连人带宠物的一日三餐并乘以未知天数的时候，发慌了起来。一个念头常常在脑中闪过："如果只有一个人生活，是不是会轻松很多呢？"一想到这儿，我马上

不 急

羞愧地低下了头：不不不，这种想法太危险，太不体面
了。还好人类没有发展出读心技术，脑中的想法不会像
弹幕一样浮现在脑门上，不然我真的无地自容。

在太平的日子里，我多么地爱我的家人，对此没有
过片刻的怀疑。那些一家人围坐着吃吃喝喝、说说笑笑
的时光；那些在阳光下，爸爸给女儿涂防晒霜的情境；
那些在草地上，女儿把鞋脱了，粉粉的小肉脚踩在泥巴
里的画面……我发自内心地感恩拥有这一切。我对他们
的爱是坚定的、绵长的，就算此刻狼狈伤神，我也只是
开个小差胡思乱想，不会收起对他们的爱。

此刻，家里只剩一个苹果了。女儿要切一块喂给布
布，我们家的拉布拉多，我照做了；女儿要切一块给照
顾她的阿姨，我感到很欣慰；女儿还要切一块给爸爸，
我拍拍她的头；女儿最后想切一块给我，我说我不想吃，
真的不想吃。

阿姨说："童童，你看妈妈多爱你，把珍贵的东西
都省给你吃。"童童爸爸说："她是怕今天糖分超标。"
果然是我的伴侣，他懂我。我没有吃那块苹果，不是出

于母爱，也没有牺牲自己的口腹之欢，更不会等女儿成年后有意无意地提起，我是真的感到看着她吃比我自己吃更愉悦。

在年幼刚刚形成价值观时，我认为母爱最大的组成部分是牺牲自我，成全孩子。我读高中时恰逢国企改制，我的妈妈是改革大潮中的一名下岗人员。为了照顾大脑和身体都在发育中的我，家里所有好吃好喝的都优先给我，还会凑出各种补习费、营养品费……印象中，妈妈那几年都没买过新衣服。记得有一次，我和妈妈赌气，爸爸跑来做和事佬，企图用怀柔政策感化我："你妈为了你啊，自己舍不得吃舍不得穿……"我听后泣不成声，一是为了妈妈的奉献而羞愧，二是为将来可能也会做母亲这件事感到深深的不安。

长大后，和妈妈聊天提起此事，妈妈说："没有啊，我本来就不爱买衣服，不上班了更没有必要买了。"不知道这是真的还是善意的谎言。倘若是真的，我要感谢妈妈的坦诚让我松了一大口气；倘若是谎言，我更要感谢

不　急

妈妈的智慧，化解了我的不安。至少我不用再背着"母爱就要牺牲自我"的十字架，从自责到自怨。

我很爱陪女儿玩耍，总忍不住用手指梳理她细细软软的头发，欣赏她每天点滴的变化。她知道妈妈爱她，也知道妈妈每天需要一些自己的时间，比如和朋友煲个电话粥、看半个小时的书。因为这样，她需要培养"自己找乐子"的能力。有些乐趣是亲情给不了的。

我常常观察亲情关系中爸爸的角色。他们在与孩子相处时保持自我，放松且直接。爸爸们非常懂得保留自我的感受。"爸爸，最后一根薯条可以留给我吗？"女儿和爸爸一起的时候终于有了弱肉强食的初步意识了。"爸爸，二十分钟到了，你可以陪我玩了吗？"女儿终于明白了她不是宇宙的中心，如果要爸爸陪她玩二十分钟的过家家，那她就需要陪爸爸打二十分钟的游戏。

爸爸也很懂得放下"感同身受"，会让孩子自己去体会。女儿经常骑着滑板车在公园飞檐走壁，我认为自己已经很克制了，但还是忍不住去扶，还要大声警告她注意安全。每当这个时候，孩子爸爸总会按住我："是你觉得危险，你放大了危险。"的确，造物主让人类有疼痛的感觉是很智慧的，只有感受过疼痛，大脑的纠错功能才会开始启动。

正如在浪漫关系中，对自我的认知也是在一次次的伤痛中逐步清晰起来的。在一段段或好或坏的恋爱里，一点一点地看到自己有多爱对方，以及有多爱自己。

有些人为爱接受生活窘迫，为爱背井离乡，把委屈和不安吞进肚子里，却因为对方一个不耐烦的表情全然崩溃，否定一切，包括自己。若把悲喜都寄托在对方身上，那么这段关系全程都仿佛一个人的solo表演，而你仅承担了内心戏的独白。我常听到"他经营公司真有一手，我还挺有眼光的"，仿佛是对方的优秀让自己有了底气；"他自私透顶，我真是瞎了眼"，把对方的缺点和不足都归罪于自己。

在弗雷德里克·巴克曼的《清单人生》中，主人公布里特·玛丽就是这方面的典型。丈夫显然是她的骄傲，她仰望丈夫，就连自己的优点也要由他的肯定来确认。对照她的故事，我们或许可以反思当下社会中的某些真实案例。当身居高位的男人向年轻女孩递上满是诱惑的禁忌苹果时，我们（包括女性）恐怕都不自觉地聚焦于"这个女孩接受了吗？"。单从人性的角度来说，爱慕强者是本性所致，看到高大伟岸的形象，体内的荷尔蒙就会蠢蠢欲动。接不接苹果，却是个人选择。自觉不配而不敢接受并不比盲目崇拜的卑微来得理智，也不会比期待通过依附他人而获得肯定来得勇敢。无论对方是谁，都不应该去比较谁的爱更高贵、更稀有——他很重要，你同样很重要。

当女孩们开始集体"外貌焦虑"时，眼里都是别人的美。不管是欣赏还是嫉妒，一旦一头扎进别人的美貌中，心的空间便局促了，因为装了太多别的，反而容不下自己，没有余地去欣赏自己的好。倘若都不会爱自己，又怎会有能力去好好爱别人呢？我们有时会通过奉献和牺牲来塑造自己的形象，给自己一个值得被爱的理由：

看，我是这么大度、慷慨的一个人，我是值得被爱的呀！不，如果你没有能力爱自己，那你对别人的爱或许也不是纯净和圣洁的，你的执着可能只是一种执念，你的热情可能是一时的冲动。

我讨厌给爱一个由头，爱没有起因也能有结果；爱不是天平的两头，非要对方够分量，你才会为之倾斜，向其靠拢。不要说"因为你，我更要好好爱自己"。不，爱自己不需要理由，你不是出征的战士，不需要通过宣誓来激发对自己的爱。请保持对自己的爱的纯度和浓度，即使环境变幻莫测，也不要被世俗、借口和比较稀释。

我若想吃，我会咬下那一口苹果。我知我所为，纳我所感，爱我所爱。

请用心听，不要说话

去年有段时间待在家里太久了。待到第五十二天，我的腿开始出现水肿，脚踝粗了两圈，比怀孕晚期时还要严重。尽管从封控在家的第一周我就有意识地每天做拉伸，还做普拉提，但跟上下班的出行自由相比，锻炼的结果终究是有差别的。趁着有大太阳，我选了快午餐的时间在小区里跑跑步，促进一下血液循环。

热身一下，戴上耳机，选了软件里推荐的音乐，没有特别想听的歌，不如就抱着随遇而安的心情，说不定能发现意外之美。耳机里传来缓缓的男声："爱一个人是不是应该有默契，我以为你懂得，每当我看着你……"我听陈奕迅不多，这首瞬间把我吸进去了，我在脑海中想象他在MV里靠在厨房的门旁，端着一个马克杯，好像唱给自己听似的，嘴唇微动。我看过他的一段采访，和我以往印象中的他很不一样，幽默，机智，非常港仔潮人的打扮让我想到黄伟文和藤原浩在《MiLK》杂志里的穿着。歌词里一句"请用心听，不要说话"突然把我拉回歌中。是啊，我在干吗呀，人家在用情歌唱，我却思绪乱飞，再动人的情歌都没法让我用心听——专注力果然是人一生都要不断去培养和加强的能力。

做妈妈的都知道，培养专注力是早教中很重要的一课。这真是莫大的讽刺，缺乏专注力的妈妈去培养孩子的专注力。我的专注力如胎盘一般，在刚出生的那一刻就被丢到了医疗垃圾桶里。我常常无法全心投入去陪女儿吃完一整顿饭，前五分钟非常享受，接着我会忍不住盘算：下一顿要给她补充些什么；中午肉吃得蛮多了，晚上要让她多吃些蔬菜，卷心菜烩番茄，炒个西兰花；然后转头打开冰箱查看蔬菜储备，啊，没有西兰花

不 急

了……想想还需要什么一起网上订购了……怎么有半瓶蚝油，做家常菜我是不允许过度调味的，应该不是阿姨买的，难道是我妈带过来的？……眼睛扫到保鲜抽屉里的面膜，才想起好久没有敷面膜了，真的很久没有好好保养了，我听公司里二十几岁的小姑娘说她们每天都敷面膜……"妈妈，妈妈……"女儿的叫声打断了我飘走的思绪，这是无数日常相处场景中的一个，说好陪她吃饭，中途要么不自觉地飘走去冰箱里查看库存，要么翻开手机看订单发货进度。她很委屈，我也很委屈，感觉自己像一个无能的特工，却同时接了八个任务。

一个特工，哦不，一个妈妈，显然除了专注力还需要体力。产后一年多我恢复了运动。打拳不仅训练了体能，还唤回了我的专注力：用心听教练发指令，直拳，肘，膝盖，踢。不打断教练，不急于发表自己的意见，更不能走神去看手机。专心听然后给反馈，当耐心、专注力浸润在时间里，时间的肌理感果然变得不一样了。当我把这种情绪和气氛带到和女儿相处的时空里时，绵密轻巧感包裹着我们，安抚着我们。

　　婚姻平平稳稳过了十余年，女儿也五岁了。忙工作，忙孩子，忙琐事，我和爱人都习惯了在沟通具体事情时讲重点。我和未婚的朋友说起这事，她们都感叹，毫无罗曼蒂克可言。讲重点？过日子又不是开会做工作提案。的确，放在以前我也会觉得"讲重点"这三个字无比冷漠和刺耳，但如今，或者对中年人来说，无论在爱情还是亲情关系里，最感恩的就是对方能够轻松地说出重点——和另一半沟通时不需要大量铺陈，也不用辅以花哨的情绪和情感表现。我们都知道，那是成年人善用的沟通技巧，出于总想掌控全局并且感觉对手不容易对付的警戒心理。相处时间一长，我们也总会落入"你还没开口我就知道你想说啥"的预设，还没等对方说完，我们就不耐烦地吧啦吧啦地表达自己的想法。很多时候，我们大概只记得对某个人很了解，但忽略了人在岁月长河中是不断变化的，需要用心聆听，才能察觉变化。

　　任何需要双方统一意见的事情，如果发起者可以呼吸均匀地轻松表达，聆听者可以表情舒展地给予反馈，那真是要感恩上天赐予婚姻难得之轻松。这样才有更多的时间和心情留到睡前时光去打情骂俏，以及醒来后聊聊不好意思对外人说的痴想梦话。

　　年轻时恋爱那会儿总觉得"只要你用心了，就算我不说你也知道的"。不顺心意的时候，即便我知道那是他的无心之举，也忍不住把埋怨挂在脸上。他问原因，我是绝对不会说的，就闷闷不乐。他越想以理说服，我就越是不响（不吱声），直到把他逼得火气上头。一个高高壮壮的男人被女孩的不响逼得满脸通红，我若现在看到，也许会忍不住扑哧笑出声。没有什么城府的男人是看不出女孩气鼓鼓的脸蛋上带有多少撒娇的情绪的，以理服人不如直接生扑。反正不能问，男孩越问为什么，女孩就越是不想说，说出来了就不是默契了。女孩天生相信说出来你才懂就很难证明我们之间是不是有独特的默契、我们是不是天造地设的一对。这种执念和任性，往往需要几次恋爱、一场婚姻，用好几十年去慢慢解开。

　　古人也常讲弦外之音——没明说出来的才是真正的意图。而我们现代人，特别在外企待过的，多少会受美式文化的影响，提倡straightforward，直截了当地沟通。人到中年越发感觉到要避免嘴碎的趋势，男女皆是。因为总怕对方误解或者理解不充分，所以想起来什么就说，围绕着一个点反复展开说，说到后来大家都忘了原点在哪里，这就是嘴碎。我一直不断地提醒自己，在尽量准确表达的基础上惜字如金。不多不少，刚刚好。同频的人一听就懂；没明白的人，给他点儿时间思考，他或许比被告知得明明白白更能透彻领悟。

以上是我的见解，附上我请ChatGPT写的一段论述。它用心分析关键词后的点到为止，我很佩服。

"不要说话，请用心听"这句话告诉我们，有时候沉默比言语更有力量。在现代社会中，我们往往太过关注自己的声音，却忽略了倾听他人的声音。而倾听他人不仅是一种美德，也是建立良好人际关系和实现成功的关键。

首先，倾听是一种沟通技能。倾听不仅仅是听到别人的声音，而是关注对方所说的内容，并表现出对其的尊重和理解。当我们认真倾听别人时，我们更容易理解他们的需要、目标和情感，从而更好地与他们沟通。倾听还有助于建立信任，让对方感受到自己的重要性和被认可的价值。倾听还可以减少误解和冲突，帮助我们更好地解决问题，以达成共同目标。

其次，倾听是一种表达关爱的方式。当我们倾听别人的时候，我们不仅表现出了对他们的尊重，也表达了对他们的关心和支持。通过倾听，我们可以了解他们的困难和痛苦，并提供合适的帮助和建议。当别人感受到我们的关爱和支持时，他们会更加愿意和我们建立关系和合作。

最后，倾听是一种提升自我能力的方式。当我们倾听别人时，我们可以学习到新的知识和见解，并了解到不同的观点和经验。通过倾听，我们可以扩大自己的视野和理解，提高自己的智慧和思维能力。倾听还有助于提高自己的社交能力和领导能力，使自己更加受人欢迎和尊重。

总之，"不要说话，请用心听"是一句非常有价值的话。倾听不仅有助于建立良好的人际关系，也是实现个人和组织成功的重要途径。通过倾听，我们可以更好地理解他人，表达关爱和支持，提高自我能力和成就。因此，让我们学会倾听，成为一名更加优秀的沟通者和领导者。

最后，感谢ChatGPT对我的标题的认可。请用心听，嘘！

完美的随想

　　要怎么去形容一个心不甘情不愿早起的清晨？即便再温和的闹钟铃声都听着格外刺耳。六点五十分，鸟鸣—山泉—瀑布的音乐声在都市的钢筋丛林中响起，原本期待着仿若置身大自然，愉悦地醒来，跟随第一道阳光，如女泰山般一个后空翻从床上蹦起。显然是我想太多了。都市的时间是延迟的，就算天早亮了，闹钟响了，我的肉体还想和床黏在一起。压在140支埃及棉的床单上，无论谁都会有种化身当代艳后的错觉，以为可以高贵且任性地睡到自然醒。昨天新拆的身体乳的檀香和麝香的综合后调还弥散着，空气湿度简直比加湿器打造的效果还完美，我猜大概在45%到55%之间。如果意识能打字，我此刻会在社交平台写上"#ZZZZ vibe"。带着留恋，我起身了，转头看着含香的被子，纹丝不动的枕边人像极了沉睡在花园里的巨人。被子会因为少了我而忧伤吗？肯定比枕边人忧伤。

我走进女儿的房间，她抱着奶瓶、闭着眼躺在床上，我轻轻摇了下她嘴里含着的奶瓶，女儿如同被按了播放键一般嘬了起来。通常在她喝奶的十分钟里，我正好可以换衣服刷牙洗脸，或换衣服刷牙只把眼屎擦一下。就这样吧，我告诉自己，就算是埃及艳后被闹钟叫醒也精致不起来。在阿姨煮鸡蛋和咖啡的五分钟内，我要把女儿摇醒，帮她洗好脸擦好防晒霜刷好牙。她往往东倒西歪半眯着眼睛，唯独能让她清醒的就是在镜前检查两个高颅顶的小辫子是否整齐。她最近迷上了这种半扎的马尾，下面的头发披在肩上，颅顶左右一边一个马尾，用橡皮筋扎出高度，走路时像两只耳朵晃来晃去的，整个人像卡通片里的兔子。她抬手摸了摸，再转动脑袋左右看看，目测是对称的。"嗯嗯，妈妈"——我的天，一个活脱脱的她爸的缩小版——"完美吗，妈妈？""挺好

啊，很美。"刹那间我觉得自己好像一位私塾先生，对着
孩子绕圈子，真是十足的老迂腐。"今天的头发完美吗，
妈妈？"她又问。"嗯，完美！"我改口了，女儿满足地
笑了。

　　送孩子去了幼儿园，在回家的路上我望向车窗外，
回想早上的场景：我是一个害怕"完美"的人吗？连把
"完美"说出口都要迟疑，下意识的严谨和克制让我觉得
"完美"里一定有什么蹊跷。

　　小时候，我常常被大人有意无意地评价"爱臭美"，
这可能包含着我对"完美"的最初理解。"臭美"不是对
穿着打扮多一点点的要求，而是存在于每个时刻，但凡
要选择与外形或颜色有关的事物，就要用"美不美"的
标准来抉择。我不太能够将就或者被大人糊弄过去。选
择之后还要检查、端详，反复确认是漂亮的。有时候，
这种要求尚能被接受，大人们就会笑着感叹："真是个小
臭美"；有时候臭美会惹出麻烦，花了时间和冤枉钱，
大人们就皱着眉直摇头："这么臭美长大哪能办？"这些

事是我童年记忆的一部分，倒不至于造成童年阴影：执着是小孩子的特权。

　　同样的场景放在职场上，可就无法一笑而过了。刚进入广告公司时，加班是适应这一行业的第一道门槛。一个夜很黑而广告公司灯很亮的晚上，我在复印间外理文件，有交谈声靠近，似乎有人结伴而来。我下意识调整了下站姿——加班也不能显得太懒散，但深夜了"站如松"又显得很刻意。没办法，还在实习期的我只要在办公室，心里那根弦就得绷着。"今朝是早不勿了了，总监还勒调颜色""layout调好，调logo，logo调好开始做颜色了""侬看好了，电脑屏幕上调好，到时候打印机上又要调半天，一点点差别都看得出哦，眼乌子大概和别人长得勿大一样的"……氛围慢慢紧张起来，在她们说出更严重的话之前，我故意弄出一点声响。果然，她们注意到我后就停止了对话，但戛然而止也很尴尬，其中一位前辈就笑盈盈地接了一句："完美主义哦，天生干这行的。""呵呵，对的对的。"不愧是前辈，我抬头笑着打了个招呼，拿着文件侧身离开。"完美主义"，我心里默

不　急

念，还犯起嘀咕：这位追求完美的创意总监是什么样子的？我不自觉地绕到创意部，一位art（设计师）坐在电脑前，那位"完美主义"总监挨在他旁边，指指点点地说着："对，就这个粉色再调一点点灰，12%够了。诶，多了多了！"他们身后还站着一排小创意，大家紧张的程度仿佛在观战《王者荣耀》。有人注意到了我这个外来者，大家便齐刷刷地看向我。"诶，我来提醒下明天早上十点半在客户lobby集合。"我话音刚落，他们没什么反应地齐刷刷转向了电脑屏幕。我近乎是喃喃自语地说"那明天见，辛苦大家了"，便转头离开，心里嘀咕道："这群没礼貌的家伙，至少点个头回应一下吧？""另外，我干吗要说'辛苦大家'，让你们辛苦的又不是我……"刚工作时，我每天都会为脱口而出的"礼貌话"追悔莫及。

第二天，我特地把闹钟调早了二十分钟：和完美主义的老板们开会，要打起十二分的精神。我挑了一件海军蓝（navy blue）H型过膝连衣裙，露出白色的彼得潘小翻领。这符合我当时的年龄，低调，又不故作老成。开会需要的文件与物料，我前一晚就检查了两遍：电脑、电线、投影仪转接头、确认可播放的ppt、纸质agenda、刻有公司logo的备用铅笔，还有提案袋以及里面四块A2大的提案板……掂掂分量，加起来差不多二十斤重。完美。我提前十分钟在约定的大堂等候。果然，创意部秘书打电话来说"完美总监"需要一杯咖啡……我一手一个包，还要去买咖啡？像印度妇女一样用头顶着吗？活脱脱要在大上海甲级写字楼上演职业女性完美杂技"拿大顶"。所幸另一位同事到了，感谢苍天，我请他帮我看着提案袋，自己飞奔去买咖啡。不，还是先打电话和秘书确认："Veronica，是加豆奶，不要牛奶，好，不加糖，少许肉桂粉，Grande，OK，got it。"正如所有完美的电影桥段，总监总是比咖啡早到两分钟，他接过滚烫的咖啡时已经有点不耐烦了，我重复了一遍他对咖啡的要求却被他打断："Ok，ok，走吧，一杯没有时间观念的咖啡"，然后他转头大步流星地往电梯走去。说这话也太可笑了吧，好像他很有时间观念一样。我气得快要爆炸了，一手拎着十斤重的电脑文件袋，一手提着八斤重的提案袋，穿着高跟鞋一路小跑跟在后面，小声诅咒："这个没有人性的双标，昨天一个灰度调了两个小时，还骄傲地宣扬追求完美是对品牌和行业最大的尊重，却不会尊重面前的人……"突然，他一个回头，打量了下我两手中的重物，微笑道："你帮我加了肉桂粉，太好了！肉桂粉让我有过圣诞节的感觉。"我惊呆了，人格分裂的戏码吗？"诶，你自己没有买一杯吗？"我抬了抬两只被占满的手，回以微笑掩饰尴尬和厌恶。"你下次可以试试肉桂和咖啡的完美组合。""好的。"我嘴上应和，心里想："完美是你们的特权，我们基层群众避之不及，不敢追求。"

这段初入职场的经历大概就是我对"完美"有所忌讳的根源之一吧。其实我何尝不是设定了一个完美的预期呢？我试图做最充分的准备，考虑周到，甚至已超出同侪。得到嘉奖不只是目标，还是动力，谁不想一出手就惊艳四座呢？转正、升职、加薪不只是职场人的阶梯式规划，更是认可和嘉奖。然而在遭到打击后，我们就自我开导不要事事期待过高，不如看看左右，追求"还好"便好。完美如此寂寥。

在那次提案会上，我看着"完美总监"的侧脸，他在尽情地陈述想法及背后的思考。我仿若坐在陪审团中，在听一位良善正直的律师陈述案情，情真意切，证据充分，让人不禁驻足欣赏他建构的美好图景。那种能量，极其自我，让人不忍打扰。

完美若是一个神，他在俯视众生的时候或许还带着某种势利。看到能量薄弱的人，他转身就走，你不明状况，追啊赶啊，跟着跟着就跟丢了。而能量薄弱但有执念的人，肉眼所及比比皆是。做自媒体以来，我常常会被当作知心大姐姐，收到年轻妹妹们有感而发的各种私信，关于容貌、工作、考研、父母和恋爱。"我一直看不惯自己的鼻子，已经做了两次修复了，还没达到理想的形状。""姐姐，我想找一个理想的灵魂伴侣，是什么样的？"这个"理想"，呵，就是"完美"或"完美预设"的同义词吧。"完美"……话到嘴边又吞了下去。我总是提醒自己，在现实生活中，我们配不上这个"词"。

　　而对那些追求外貌完美的人们，我可不想假惺惺地偷换概念说什么"完美很无聊"。完美怎么会无聊？越接近完美比例的模特越能激发设计师和摄影师的灵感。只是，当我们平凡人的容貌、外形离完美很远的时候，我们可以去挖掘特点、创造惊喜。懂得欣赏差异和缺憾之美，但没有必要否定工整对仗的完美。

　　但是，对"完美"的觉知真的是个人自发的吗？它也许只是被植入或被培养的观念。看看女儿读的童话故事，完美的伴侣就是王子配公主；打开电视，完美的气氛就是法餐配蜡烛。若被这些概念收买了，那你会心向往之，甘之若饴；若不为所动，随心所为，那恭喜你，你定义了自己的完美时刻。

　　但是，我永远会被追求完美境界的人所感动，他们拥有一种极具生命力的热忱。单单"完美"一词，放在一个孤独的语境里，有时太过于抽象，叫人一下子不知如何回应，或太仰仗过往经验所留下的印象。我们在"完美"面前就不要故作老到了，不再去定义，去盘算，去挽留。还是小孩子的时候，在大太阳下玩耍，晒得睁不开眼睛时，完美就是天边正好飘过来一片云，又吹来一阵微风。你享受那个当下，但不会想霸占那朵云、那阵风。在"完美"的面前我们只要像个孩子就好，单纯地、心无杂念地去感受。

此刻，你感觉到完美，那就是完美。

培养父母的独立性

前几个月我去参加女儿幼儿园的家长会。每次参加家长会我都无比紧张，仿佛身为学生的自己去见老师。但其实我从小也没那么怵老师，那么，紧张感从何而来？

我看不起这个畏首畏尾、毫无自信的自己。显然，如果解释成我太在乎女儿，太爱她，是行不通的。倘若我的爱纯粹无比，我又怎么会在乎老师对她的评价呢？不管是谁，又如何评价我的女儿，我都应该始终坚信自己眼中的她，以及坚定心中对她浓醇的爱。或许，我对她在学校的表现或她的个人能力不太有信心，所以底气漏了，面对老师时很难自控地表现出谄媚、迎合。可笑至极！如果当年打工的时候用这样的态度对待老板，那我现在多半已飞黄腾达了。

　　话说回来，出乎意料的是，老师对我女儿的独立能力表达了强烈的赞叹，夸赞她动手能力非常强，很多事都不需要生活老师的帮助便能完成，并且超乎年龄得娴熟。顿时，我进教室门前泄掉的底气又回来了，一种骄傲感油然而生。我这又是怎么了？这会不会是妈妈的通病，总不自觉地将儿女的好与不好跟自己捆绑？我曾经听年长的朋友抱怨，说她妈妈最怕春节时候去亲戚家拜年，因为自己的女儿还没结婚，感觉在亲戚面前抬不起头。我当时表示不能理解——女儿没结婚跟你这位老太太有啥关系？可我刚才的满足感和这位老太太的羞耻感又有什么不同呢？本质上还不是一样的？儿女独立自主仿佛证实了妈妈的教育良好，引导有方；女儿腼腆内向好像是因为妈妈的陪伴质量欠缺，甚少带她出去见世面……我总会觉得，因为我们是一家人，孩子表现出来的种种品质，在外人看来一定和父母的言传身教有关。可这种"荣辱与共"的情绪也许只是我的一厢情愿，我

不 急

先生就甚少有这样的困扰。不管是对孩子，还是其他任何事物，他好像都不太有"面子上过不去"的烦恼。他或许也有，但懂得适时地从血缘关系的牵连中抽离出来。我们是家人，但我们各自也是独立的个体。的确，有时一旦牵连到自己的面子，就很难理智地看待事物的本质。我女儿到了五岁也不和人打招呼，不光对陌生人如此，对爷爷、奶奶、外公、外婆、老师、邻居，甚至爸爸妈妈也一样。在她还小的时候我总觉得只要我每次都做好榜样，便会慢慢影响她，正所谓言传身教。但是慢慢地，我沉不住气了，我的女儿怎会如此"无礼"呢？我觉得带她出去好没有"面子"，仿佛我们全家，特别是我，都被贴上了"没有礼貌"的标签。但是如果不带她出门接触他人，那又怎么有机会让她了解社交礼仪呢？后来我才意识到，我要先培养起自己的意识独立性，倘若一直带着"我这么有礼貌的妈妈，怎么会有你这样无礼的女儿"的心态，只会以不欢而散收场，然后为了家庭气氛的和平，各自带着心结相处下去。我只有剥去种种杂念，才有可能心平气和地与女儿一起寻求解

决问题、克服心理障碍的方法，一次又一次地去尝试，
直到解决为止。

回想我小的时候，父母没有特意地培养我的独立生
活能力，而是事事包办。我想那是出于爱，也是由带孩
子的疲惫衍生出的"惰怠"。

抚养过孩子的父母可能都有此感触，教孩子独立完
成一件事可比帮他们做费力多了。教孩子做事，比如用
摩卡壶烧咖啡，女儿非要"我来我来"，我只能小心翼翼
地抓着她的手去接水，示意她去舀咖啡粉，倒进壶的隔
层，一勺一勺又一勺，每一勺抖抖索索地在半路上撒掉
一半。我揪着心，但眉头得舒展着，保持微笑，活脱脱
一个实习医生首次围观外科手术的场面。本来五分钟的
事情由于她的加入前前后后大概花费了二十分钟，然后
我还要处理一地的咖啡粉和洒出来的水。所以我们经常
看到餐厅里家长大呼小叫"你放着，妈妈来"，外人眼中
妈妈好辛苦，妈妈自己心里明白，孩子最大的帮忙就是
坐着不动，一切便在掌控之中。大概是父母认清了再累

都累不过教育孩子的本质，社会上的"巨婴"症候群才日益壮大。

当了妈妈，随着孩子一路长大，才慢慢体会到"最好的教育就是父母的陪伴"，陪她浪费时间，陪她体验失败，陪她排解情绪，一切的陪伴就是为了以后她能独自上路。就算一开始她踉踉跄跄，你也在背后平静地看着她摔跤，相信她会自己爬起来，你对她的信任和她的自信心是同步建立的。这是不偏差的爱，非自我感动的爱，是用情至深的父母之爱。

我的爸爸妈妈经常会给我发关怀的信息，叮嘱我教育孩子要有耐心，说孩子尚小，不懂事云云。我每次收到都会对着手机发呆，心里五味杂陈。终于有一次，我决定正视这个问题，便请爸妈列举具体哪件事我表现出了没有耐心，那边回复："我们看到的都很好，只是在我们心中你始终都是那个娇气任性的小女孩。"我还经常收到"阿姨休息，你要安排全家人餐食，真是辛苦啦"诸如此类的关心。我真的哭笑不得，原来四十五岁的我就是那个婚前靠父母、婚后靠阿姨的"巨婴"——如此稀松平常的小事，在他们眼里好像我遇到了多大的困难。我无法责怪他们，印象中从小的大事小情都是妈妈包办的，从包书皮到叠衣服，她无微不至地照顾我的生活。我直到三十五岁结婚才从家里搬出来。对，这非常不符合都市白领的形象，但那时候我身边未婚的上海朋友大多都和父母一起住，所以当时没有觉得自己是"异类"。现在，我们一群为人母的"巨婴"经常坐在一起吐槽自己年迈的父母，比如他们会监视"微信运动"，以此来推断我们在干什么。有一次我忘带手机了，回到家看到我妈打来的七八个未接来电，打给她后，她说我今天只走了五十二步，是不是生病了躺在床上。很多次我都在想：我以后老了会不会也这样打扰孩子的生活，我是不是应该做个独立的妈妈？

在做一个独立的老年母亲之前，我必须以成熟女儿的身份去培养父母的独立性。我怕当面说说不出口或泣不成声，于是决定发一条长篇短信给他们，温和而坚定地提醒他们我已经四十岁出头了，并且有自己的小家庭，如果你们还把所有的注意力放在我的行踪上，这对双方都是不健康的。我会每周安排三代人聚一聚，平时如果没有大事，我不会汇报行程。和培养孩子一样，我也做好了培养父母独立性的长期打算，说一次可能只作用一段时间，所以平时也要立好规矩，落实惩罚和奖励机制。如果父母越界，我就要表现出冷淡；如果他们遵循一开始的约定，那我会主动去沟通一些我的成绩，所谓成绩，也就是让他们知道女儿是个能独当一面的、心智成熟的妈妈、妻子或公司老板。如果他们想多接触新事物，我会鼓励他们去尝试，而不是动不动就用"专门骗老人"的提醒切断他们和世界的连接。有一天，爸爸在我家举着摩卡壶问我要不要喝咖啡，炫耀道"上次你烧的时候我看了下，今天来看没咖啡了，就学着给你烧了一壶"，他开心表情下的满足感并不亚于我女儿帮我倒水装咖啡粉那般。看到这一幕，我由衷地开心：不管几岁，学到一个新技能的满足感都是一样的。

培养父母的独立性

　　作为女人，我要培养自己的独立性，特别是在意识和精神层面，摆脱父母与儿女"荣辱与共"的思想枷锁，与麻烦相处是自我修炼；作为母亲，我在培养女儿独立性的路上也坚定不移，不怕麻烦是我对她的温柔；而作为女儿，我同样有义务去培养父母的独立性，让他们重新找到自信和自我价值，不怕麻烦是我对父母的报答。人到中年，夹在中间，你说难不难？我们一直都走在纠正自己、重塑自我的路上，但我相信只要启程，这一路上行囊会越来越轻，路会越来越宽广。

哪里的天花板最孤独

　　拉上窗帘，关了灯，按下星空灯播放键。伴随着《冰雪奇缘》的主题曲，我像一只母狮子，四肢着床面，爬向女儿。我只能弓着身子爬过去，不然头要顶到天花板了。她的小床在二层，左边是上去的台阶，右边是下床的滑梯。下面一层是阿姨的床，也可以改成书桌加书柜的学习空间。左上右下的路线是大人和设计师的一厢情愿，大多数时候女儿都是从左边走上去，又从左边爬下来的。即便是小孩，在日常生活中也只想图个轻松和便捷。"妈妈，你好像一只母猩猩。"的确，狮子是掌心着地，而我此刻是双手攒成拳头，四指撑地。我忍不住狂笑，欣赏她的观察力。

我躺在女儿身边。星空灯让整个房间仿佛嵌进了沉浸式的电脑屏保中。此刻，满足感充盈着我周身的细胞。看着女儿凝视天花板的侧脸，她的反应让我幸福无比，我顺着她的目光漫游……视线一旦停留，就开始琢磨起灯片的细节，警觉到自己分了心，便马上扫向别处。不能细琢磨，一旦开始找碴儿就会没完没了了——可是，这个画质和你爸爸十年前送给我的相比真没什么长进。

十年前，我和孩子爸爸还在谈恋爱。那时候我工作忙得很，加班让我无暇约会，休假计划被一次次延后。每天泡在办公室里，白炽灯让人心神不宁。我突发奇想，要是能躺在山坡上看满天的星星该有多好啊。有一次，加完班又是深夜了，他来接我好送我回家，和他说说话、斗斗嘴就像深夜里在无车的浦东大马路上开快车，十足畅快。我常会逗得他哈哈大笑，他平常很严肃，但一笑起来就收不住，我仿佛能从他的笑容中看到一个五岁男孩调皮的模样。我也奇怪，前一秒自己不是还拖着疲惫的双腿迈上车的嘛，怎么现在生龙活虎了。到了我家楼下，他拿出一个像恐龙蛋一样的东西，取下顶盖，按下按键——我抬头看到了群星在转动。虽然车顶的距离让投射效果打了折扣，但我此刻的欢欣岂止是因为眼前这一片星空，而是因为随口提过的一句话，被心上人记下，找到，送到了眼前。

爱无疑加重了我的"近视"，在满是光污染的都市，仰视着精度不高的车内人造星空，心里柔情似水。

又一次，头上的天花板模模糊糊的，这次不是因为精度不高的影像投射，而是因为眼眶里打转的泪水。我绷不住了，眼下多希望淌出来的体液并非眼泪。我躺在医院的病床上，刚做完肾穿刺手术，要平躺二十四小时。我终于知道新生婴儿为何吃饱喝足也要间歇性哼哼唧唧，不能翻身的痛苦不可言喻，感觉自己是一个倒在虚无宇宙中的巨人，所有的感知都膨胀了，身体却无能为力。让我一时难以接受的，是要练习在床上平躺着小便。电视里在正在播放都市丽人如何挑选高跟鞋奔赴美好前程，而我却在调动身心，竭力放松，希冀蜿蜒小溪能顺利流淌出体外。生病最令人痛苦的不是病痛本身，而是要去承受那些剥落尊严的意外。

半个小时前，医生在我右边的肾脏中取了三个活体组织做病理检查。自从做了局部麻醉，我就一直感受有根针坚定而有节奏地、轻车熟路地在我的身体里穿梭。我要做的就是配合它大口地吸气，憋气，让充满气体的肾脏迎接缓缓而来的针。一阵酸楚后只听"啪"的一声，如橡皮筋弹了一下，我意识到大概取样成功了。就这样连续三次，全程十分钟左右，终于能松口气了，但还是告诉自己继续保持平静吧，因为永远不知道最痛或最难堪的部分会在什么时候、在哪里出现。

的确如此。在穿刺前，我要被医院护工从住院部推到手术室，途中还要经过门诊大厅的长廊。我说让我坐在病床上被推过去吧，我无法想象在川流不息的人群中一个人躺着被移动是怎样滑稽的场面。看护说，你还是躺着吧，坐着多奇怪？也对。盘腿坐？又不是要升仙。双腿垂着坐在床沿？万一不小心哼唱出《甜蜜蜜》，会不

不　急

会对接下来的手术不太尊重？而且我的黎小军此刻在外
地出差，可能正睡得四脚朝天。于是我接受了建议，戴
上帽子和口罩，躺了下来。虽然只露出两只眼睛，但也
一路尽量避免与他人目光摩擦。我就只能看着医院透光
的穹顶了，真高啊，采光均匀且柔和。此刻脑海中突然
闪现出网上那个关于孤独的排行榜，它说一个人去医院
做手术大概可以登顶孤独之巅。想到这个，身体不由自
主地蜷缩起来，想到接下来将以脆皮乳鸽的姿态接受一
场孤独的手术，不免感伤。

　　在这个时代生存与生活，眼睛蛮累的，因为目光扫
过的地方皆是信息。信息发布者还别出心裁地为其附上
价值观，算是对信息高低等级的分类。我们不知不觉地
被催化出一些需求，情感上的、物质上的、习惯上的，
甚至认知上的，也由此产生出一些被提醒的、被暗示出
来的感知，比如孤独感，连带着置身于孤独的羞耻感、
对被边缘化的身份的不认同感。
　　那个发表孤独排行榜的作者经历过没有亲人陪伴的

手术吗？有过深夜独自打车去医院生孩子的经历吗？倘若压根没看过这个排行榜，我大概不会如此直白地解读这些复杂的情绪。我常常觉得，比起警惕自己"被孤独"了，更重要的是识别情绪的沟渠流向的那条感知大河是自然而然、日积月累形成的，还是被外力开凿的。

年轻时候觉得独处是对孤独感的挑衅。无数的独处时刻都难以面对，想起身出走，至少找点什么事做做，冲淡一下该死的孤独感。现在觉得孤独何尝不是一份上天给凡人的礼物，当这股感觉涌上心头的时候，不如趁着这股劲儿，赤裸裸地看看自己，往探进去，深究一下自己的内心。感到孤独，不是自己的失败，也不是旁人的冷漠，它是需要探索的信号——该与自己对话了。其实，孤独感的成分非常复杂，不花点时间思考透彻了，不会发觉自己的狭隘、自私、脆弱和不切实际……这还是自以为的自我吗？但如果不能接受被剖析的那个自己，又何谈了解自己？又怎能试图让别人理解自己？接受自己本性中的好的与不好的，才会懂得去理解、包容、接纳人性的普遍性。

不　急

电影里断案无数的神探经常在遭遇瓶颈时斜靠在沙发上，盯着天花板发呆、沉思，然后灵感乍现，捕捉到凶手的破绽。看来，天花板才是孤独的最佳搭档。它开启一段孤独，也终结一段孤独。就像爱情、友情，任何一段情感关系，它浓时开解孤独，淡时开启另一份孤独。慢慢地，我已懂得，孤独的时候不去低头刷手机打发时间，而是抬头看看天花板，开启思考孤独的旅程。

没有灵感的画家躺在画室地板上盯着天花板思考未来；躺在床上的小男孩看着卧室天花板盼望着爸爸妈妈下班回来；失眠的中年女人盯着天花板回味新婚时被丈夫拥着入眠的温存；滞留在机场过夜的乘客躺在候机楼连排的座位上，看着机场天花板回忆一家人吃火锅的热闹；恋爱中委屈的女孩抬头看向餐厅天花板怕眼泪流下来；刚从麻醉中醒来的病人望着医院的天花板等待着家人们的安慰……谁眼中的天花板最孤独？若干年以后，有多少天花板下发生过的事情、爆发或蓄藏过的情绪还会被想起来？我曾大胆地想象，在我人生最后一次望着天花板的时候，那些从小到大见过的天花板都会一一闪回，我说不上哪个天花板最让人感到寂寞、孤独，但我会感谢孤独，感谢它让我思考过，很多很多次。

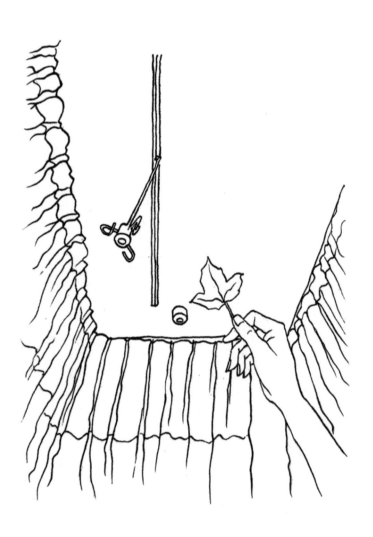

睡一觉就好了

关上灯，我潜入黑夜。闭上眼睛，我关上了世界的门。一步一步走进水里，水不凉，我跟随着呼吸的节奏随潮水一涨一落，水像气团一样舒缓，一寸一寸地安抚着我紧绷的身体。我仍然闭着眼，由那股深邃指引我一步步向前，它似烟似雾又似暖流，没过脚踝、膝盖、大腿。我俯身，双臂举过头顶，合十潜入水中，进入无声的世界。我随波逐流，软绵无力，正飘向未知……

但突然，我停下了。过不去，前面似有一堵无形的墙。我告诉自己不要睁开眼，再游一遍，于是翻个身，再来一遍，再来一遍……我有点儿不耐烦了，那面墙始终横亘在我通往无知无边空间的边界。我一遍一遍地在内心重

不　急

复着睡前引导，看上去自己就像个不断折返捡球的拉布拉多，愚蠢极了。哦，我冒犯了拉布拉多，它们只是好笑，愚蠢的是我。

我极度不耐烦了，像极了潜水失败的水手，悻悻地回到船上。我垂头丧气地起身坐在床边。这是第三个晚上了，连续失眠，空前绝后。

我较少失眠，记忆中只有小学春游前一晚会失眠。成年后，哪怕和伴侣吵架，或者刚生产完半夜起来喂完奶，我都可以在精神对峙或肉体牵扯中昏昏欲睡，哪怕是醒一下睡一下。我总有种莫名的健康优越感，大概就是出自睡眠自信。不失眠，随时倒下就能睡着，这难道不是我能很好地排解压力，且身心健康的最好佐证吗？

压力谁不曾有呢？我刚毕业那会儿正值中国广告业发展的黄金年代。在广告公司，尤其是4A公司上班，每天都像头顶着光环。广告人可能不是最有钱的，但是最懂得享受的；可能不是最有时间的，但是最懂得消遣的；可能不是最貌美的，却是有品位的、有型的。想象一下一个朴实无华的女大学生初入甲级写字楼，看到脚踩高跟鞋的香香的小姐姐们每天在面前穿梭，就仿佛雪宝在皇宫里看着艾莎和安娜，想与她们为伍，又自感不是同类（至少一时半会儿成不了同类）——而我就是那个雪宝。

还好，一直都有一股盲目自信的劲儿挺着我。我有我的优势，我自己知道，我会看花眼，但不至于迷失。上班的前几天，我需要搞定打印系统、复印机、会议室投影系统、timesheet 系统，这些都让我涨红了脸，学校可没教过这些。最让人窒息的是所有文件都是英文的，尤其在回复纽约总部的工作邮件时，虽然职称上对方和我是平级的，但我猜想那边大概觉得我是个童工。大学四六级的能力，一到实际的商务书写上都是白瞎。因为每封邮件都要求即时回复，我当时的老板性子急，看我半天没写好就冲出他的办公室站在我背后，那种紧张感仿佛《倩女幽魂》里小倩飘在宁采臣身后，我和她都快要背过气去。还在实习期的我唯一的念头就是，别抬头，手别停，等着导演喊"卡"吧。谁能想象一个从小就流露出松散气质的女孩，会把老板们流畅老到的英文邮件打印出来，自制了一本实用商务英语书写范本，下班后在家朗读和背诵。背到梦里都在写邮件和会议纪要……

然而，即便是面对这么大的压力，我还是能按时睡着。

有如神助，短时间内我的英文商务写作能力大大提升。我将其归功于在对的时间做了对的事，睡眠时间就是对的时间。睡前冥想或苦思，带着这颗种子到梦里的世界，它会在那里继续生根发芽，攀藤登天。这像是我的秘密武器，很多次提案比稿中的闪光点子都是我带着思考睡去，在醒来时得到的。这个方法屡试不爽。只要能睡着，一切都还有希望。

我刚工作的那几年流行过一本书，叫作《秘密》。这本全球畅销书大致是说每个人都是一个信号发射器，宇宙就是你的接收站，你的愿望或者信念越强烈，越坚定，你就越可能得到来自宇宙的反馈。简而言之，它就是一本讲吸引力法则的实操手册。这套理论如果有那么点儿道理，那么对我而言，我的梦境就是整个宇宙。

　　每当朋友焦虑、遇到难题，发现理性和经验都无效的时候，我都会建议他们睡一觉：睡一觉就都好了。有些朋友大概觉得我在敷衍，也敷衍地回应："好呀，那我回去睡觉了，再会。"在我扬扬自得时，一个狮子座好友打破了社交礼仪的平静："我他妈要睡得着就好了。""呃，睡不着？那问题蛮大了……"我没想到难题卡在睡不着上。

　　如今，风水轮流转，我也失眠了……但并不存在什么具体的难题，却似乎总有一道坎，一个在迷雾下看不清的深渊。

　　我不能将它归罪于突如其来的疫情。诚然，疫情让大人不能上班，小孩不能上学，全家人的一呼一吸都切切实实地被困在房屋的使用面积里和日出日落的交替中。本来就若隐若现的焦虑集结起来，一股脑儿涌了出来，好似垫在一只餐桌脚下的垫子被抽走，原本勉强维持四平八稳的台面晃了起来。睡眠自信确实让我产生过一些错觉，认为自己可以应对一时的逆境，面对苦痛有极快的自愈能力。我也一度以为自己神闲气定，胸有激雷而面如平湖。以前也经历过停工停产，但那时的心情似乎更像过马路时等待绿灯；而这次，我并不是缺乏等待的耐心，而是感觉身后的路仿佛陡然变成下坡，要不断挣扎前行才能留在原地。

我害怕我只有家庭。我的内心是不满足的，我渴望走出去，接近人群，与同伴交流；只有在真真切切的人流中，我才更有努力的动力。 我也害怕待在家里有吃有喝太舒服，一切都那么简单和随意，**懒惰是太易生根的种子，当它的枝芽缠绕过膝，我可能就再没有动力和它对抗了。** 我更害怕自己是不是到了中年危机的年龄刻度。我无法判断。明明对丈夫还有热情，对孩子还有耐心，对工作还有期待，对朋友还有表达的欲望，我唯一不确定的就是我对自己是否满意，或者说是否有恒定的满意感。以前觉得对的决定现在看来都缺乏远见，我左右摇摆，虚空无法弥补。

我的恐惧只有在此刻、在黑夜中，在我躺在床上时才显出原型。我端详它，却不知如何与它相处。再一次，我调整了睡姿，闭着眼睛慢慢潜入水中。烦恼自有出口，我想我还需要一些时间。睡一觉就好了。醒来不一定有答案，但醒来也许就不想再追究答案了。

自　由

　　"自由带给我们的，原来是幸福之外的一切。"当我在台北诚品书店看到这句话时，就决定买下乔纳森·弗兰岑的这本小说《自由》。自由到底是什么？弗兰岑的这句话显然不是能让人豁然开朗的答案，它反而增加了一重新的疑惑：我原本以为不幸福的一切感受，都源于不自由吗？

　　记得刚生完孩子那会儿，因为是剖宫产，半年内我不能做剧烈运动；又因为每隔三四个小时就要喂奶，去哪里都不方便。那时候，我想长出一双翅膀，从三十三楼的窗台上飞出去，不管是骄阳灼眼，还是雷电交加，就飞，一直飞。我似乎能感受到《逍遥游》里鲲要展翅高飞幻化为鹏的那种急迫，那是对自由，对另外一番景象的向往。于是我报名了一个3天封闭式普拉提的身心课程，想着除了拉拉筋、舒展舒展，还可以换个空间，把注意力放在自己身上。第一天跟着老师的动作学，非常自在自如；第二天老师说要锻炼胸锁关节，让我们自由发挥。大家面面相觑，如何发挥？一点基本纲领都不教吗？作为一个从小就遵守纪律和规矩的孩子，按照老师的框架进行的任务我都可以完成得很好，但老师突然撒手了，我该从何开始？在差不多环境中长大的我们这一群人，早就没了自由发挥的能力。现在把支配肢体的自由权力交给自己，反而不知所措了。原来，我需要的自由是如此的具体，并不是无边无际的——有了三天远离带孩子的自由，我是幸福的。我要的是一种可以选择的自由，如果老师给出三种锻炼胸锁关节的动作来，我可以选择最适合自己的，也会感到很安心、很自在。这样想来，我对自由的迫切渴望其实是一种被禁锢时所放大的需求，倘若真的长出一双翅膀，凭着一时对自由渴

不　急

望的激情，冲出去飞一阵，到了喂奶的时间，还是会准
时飞回来。把翅膀收起，仍然是出发前那个笑盈盈的妈
妈。完全被放逐的自由，的确称不上幸福。至少对我而
言，断了家人对我的牵绊、女儿对我的依赖，这种无根
的自由，不太适合。我更不确定它是否适合其他人。

还没生孩子时，我收留过一只野猫。她当时瘦骨伶
仃，患有皮肤病，又有脱肛的问题……徘徊在小区的停
车场。我和先生把她送到医院治疗，之后接回家养着。
本想着她和我们的两只猫女儿可以住在一起，相互嬉戏
也蛮可爱的，却见她日渐壮硕，本性毕露，在家里横行
霸道起来。她不让我们原来的猫女儿吃她碗里的粮食，
一旦听见猫砂盆有动静就会冲进去把原本只打算排泄一
下的猫女儿揍一顿。一段时间后，我实在看不下去猫女
儿们受到如此霸凌，决定放逐这只小黑猫。我把她装进
笼子带到小区的亭子那里，跟她说实在抱歉做了这个决
定，一边说一边把笼子门打开，念叨着："我把门打开
了，如果你真的不想走，咱们也可以再……"我还没来

自 由

得及说出"回去"二字，她已经窜出笼子，头也不回地往草丛深处奔去，消失在一片深邃的绿色中，留下怅然若失的我。也许她感受到之前的那个有吃有喝的地方并不算家，那个给吃给喝的女人也并不算亲人，女人的照顾不过是出于一时的慈悲心，其中并没有情感上的羁绊。她选择遵循天性，选择潇洒自由地离开了，这让我们彼此都松了口气：我少了一份自责，她也不必苦苦哀求谁的怜爱。保住彼此的体面，相忘于江湖难道不是最好的结局吗？

猫咪是渴望自由的，就算是家里的那两个猫女儿，我也不是时时与她们腻在一起、交付所有的。我们白天各找乐子，晚上有时我硬要抱抱亲亲，有时她们狂蹭我，但我们各自有独处空间。但专属的默契又把我们紧紧拴在一起，比如她们发现我买了花生酱，比如我发现她们居然爱吃花生酱，我常常因为这些小小的事情感叹："天哪，不愧是我的孩子。"就是这些不可名状的千丝万缕织成了一根隐形的丝带，把我们联系在一起，扎了一个漂亮的蝴蝶结。好多时候，她们会跳上窗台望着外面，很久很久，那种专注的劲儿让我有时在想她们会不会哪天趁我不注意就溜出去了。有好几次我收完快递忘记关门，她们也只是在门里往外探探脑袋，但绝不会迈出去半步——直到这时，我才确认，她们不会离开。对她们来说，目之所及即是放飞自我的独享时刻；但回过头，在这个家里，无人限制地上床、上餐桌的自由才是真真切切的生活。

我和我家的猫一样，都喜欢具体的自由，比如上下班时间自由，每周两天的碳水自由，一星期有一天"抛夫弃子"独自玩乐的自由，趁着电商打折及囤货拥有的面膜自由……确实只有这种实在又具体的事物才能够让我非常清晰地意识到组成生活的拼图是否完整和平衡；而在某些拼图碎片上获得的自由，何尝不是一个个小小的里程碑，补偿了不自由的部分所带来的烦扰。"虽然工作很烦琐，但我好歹实现了自己的价值，不必像大多数人一样每天打卡，完全可以通过效率而非时长去被考核"，"虽然保持身型需要控制摄入，但总算有两天可以

自 由

随便吃"，"虽然带孩子的确很累，但伴侣很给力，让我不用每天当老妈子"。

以自由度为衡量标准就像核对清单，在选项前面乐此不疲地打钩，这种心态的出发点其实是为自己的生活找寻意义，为自己所承受的苦难打开一个出口，拥有好好生活、感恩当下的积极态度。脱离现实的、毫无框架的自由，我不敢想象。拥有这些小小的确切的自由明显更有幸福感。

人类拥有丰富的想象力，被赋予这样的特质，也许是造物主对我们肉身局限性的补偿。比起突破空间和规则的自由，精神自由的试错成本要低得多，也更容易实践。尤其对于我，一个步入婚姻数年的中年妈妈来说，能够化解琐事的烦扰、拥有精神上的放飞时刻和自由是何等的幸事。身处家中，整理账单的时候我在想，真是太佩服《红楼梦》里的王熙凤了，十几二十岁要管理上百号人，当荣国府的家，还要接管宁国府的账；整理衣橱时，我的思绪又飞到了《欲望都市》里，Carrie的手拿包可比高跟鞋出彩多了；等等。思想时不时如此开小差。

不　急

　　同一屋檐下，精神世界丰富的伴侣无疑能够给对方
更大空间的自由和包容，不会过度关注或管束另一半。
除了给彼此独处、成长的机会，还时不时地创造新鲜感。
聚餐时伴侣出去抽支烟，朋友们调侃他烟瘾大，而我想
的是他极有可能需要一支烟的独处时间，是单纯放空还
是要消解下社恐的情绪则不必深究。给他一支烟的自由，
也是让自己不去胡思乱想。我常常觉得，与其苦苦追寻
对婚姻、对职业保持新鲜感的偏方，不如让自己保持新
鲜和开放的自由态度，这也解释了为何有些眼睛只能看
到一面峭壁，有些眼睛却能从中发现一株青草。

　　如果你问我，你拥有精神自由吗？我会毫不犹豫地
回答"是"；但若你追问有多自由，为何会有这样的结
论，我一定会语塞——到底多自由才算达到了精神自由，
人们又为何要丈量自由的边界呢？在我看来，自由是一
种内心富足的状态，哪怕我们不是朋友中最有钱的、房
子住得最大的、老公最帅的、女儿最聪明的……若精神
足够自由，我怎会用世俗的标准来定义自己的人生，把

自　由

自己圈在一个阶层里？**自由不是目的，自由是我们有选择地看待这个世界的态度和方式。**

　　奥地利心理学家维克多·弗兰克尔曾经在《意义的呼唤》一书中提过"选择态度的自由，是人可以拥有的最后一项自由"，就算我们什么都失去了，至少还有选择用什么样的态度和心态去面对现实的自由。拥有何等的自由如果是可以选择的，那就是一种幸福；可是，我们往往在本可以拥有选择的自由时，偏偏用世俗的标准浪费机会。对我而言，**自由从来就不是目的，是我发自内心所追寻的一种品格。自由的灵魂，在面对人生的分叉路时，又怎会做出不自由的选择呢？**

海滩、时装和信用卡

　　二〇二二年的夏天，据说上海的高温追平了有气象记录以来的最高点。我在那段时间里每天七点半起床，烈日当空，在小区里跑上十五分钟，汗如雨下。没有一点所谓"自律"的胁迫，反倒蛮享受。晒足太阳，喝饱水，我感觉自己是一株生命力旺盛的植物。这让我感觉良好：一方面，之前长期服用激素让我流失了很多的钙质，而晒太阳是天然的补钙疗法；另一方面，我觉得自己晒黑蛮好看的，白白的富态感不符合我现阶段的审美。那种衣食无忧的优渥感体现在年轻女孩身上会更优美一些，倘若脸上皮肤已经有了一些岁月的痕迹，那我希望自己的状态是充满活力的、黝黑紧实、健康开朗的。

以上这番言论若被老公听到自然免不了一番嘲笑。要知道，在我们刚认识的时候，我可是"视光如虎"的都市丽人，休假旅行就只想去fancy的都会逛吃逛吃，大自然什么的，我根本提不起什么兴趣，更别说去海滩暴晒，肆无忌惮地在烈日下玩耍了。这场景若是电影里的画面，那这电影就不是我感兴趣的。但工作在上海，一个国际化的繁华都市，休假去另一个国际化大都市放松，听上去还蛮不轻松的。用我老公的话说："这该是一个多不懂生活的人才能干出来的事啊……"

生活、健康、经济状况都会影响对美的感知。当自己也开始惊讶这种改变时，不得不追溯这段历程。到底是从什么时候开始改变的？人生重要节点的转变是不是有迹可循？比如选择了什么样的伴侣、家庭角色的转变、职业的转道、突如其来的疾病，甚至是一次难忘的旅行，都会改变审美的偏好。

二〇二〇年的出国旅行，是我在疫情全面暴发前的最后一次。农历新年，我们全家人在年初二去了巴厘岛

度假。开始的几天风和日丽，阳光把一切都晒淡了一个
色号。我藏了一个冬天的皮肤看上去苍白极了，那是属
于都市的肤色，在海滩烈日下显得特别的格格不入。每
天早上在酒店拉开衣橱的门，看着出发前精心搭配好的
衣服，我心里只有一个念头：不想这样穿。如果非要追
问为什么呢，我只能说，因为不想。整理行李时的我
在上海，在冬天的卧室中；现在换了时区、季节、空
间，再看到这些衣服全然没有了幻想过的热烈而迫切的
holiday vibe。Miuccia Prada女士在一次采访中提到过，
她每次在时装秀谢幕前穿的衣服一定不是前一天和团队
确定好的那一套，她一定会临时改主意。善变是女人唯
一不变的特质吧。

　　十天的旅程，我们计划住两家酒店，前一家在热闹
的地段，后一家在乌鲁瓦图，据说那里以前是一片原始
森林，阿丽拉集团就喜欢在未开发之地选址建酒店。也
许是因为出海的那天是阴天，温度没有那么高，风又出
奇地大，大女儿在回到酒店后的晚上就发烧了。我带了
很多类型的药，就是没有退烧药。第二天上午在酒店

吃过早餐后，爸爸带大女儿去诊所看病，我抱着小女儿去打包行李，等他们回来就奔赴下一段旅程。一边看着小女儿，一边处理四个大行李箱——小孩怎么会有这么多零零碎碎的东西？我一时间竟然想看看哪里是不是藏着摄像头，是不是爸爸瞒着我参加了整蛊妈妈的综艺节目？还有心思开玩笑，没事，等爸爸和姐姐回来了，一家人又可以开心玩耍了。打包完毕，我们在房间里等了一会儿，接近中午了，他们应该在回来的路上了吧。我请前台找人帮我把行李运出去，我抱着小女儿在大堂玩耍，等待家人。可能是天太热了，小女儿又有点困了，哭闹着不停，我只能把她抱起，让她把头枕在我的肩膀上，就这样来回走动。突然，她不哭了，我感觉有股热浪拍在肩头，流淌到后背。好极了，她把之前吃的芝士全吐到我身上了，而我的衣服都在行李箱里，行李箱则混在一房间的行李箱里。这时手机屏幕亮了，有微信消息来了，是爸爸发的，好长一段文字，我只看到几个关键词：他俩被隔离了，转运公立医院，检验样本将送到雅加达，需要八到十天才能出来。这确定不是整蛊游戏吗？我现在就是一个行走的蓝纹芝士顶着一颗空壳的脑袋。那几分钟我感觉到了时间相对论、量子纠缠……我猛然回过神来，意识到自己得先处理下衣服。我快速去了洗手间，发现洗手台是在外部的公共区域。棒极了，克服羞耻心我就能成为节目中的冠军。我脱下T恤，用了很多的洗手液，双手不停地使劲揉搓，直到闻不到味道。此刻我的双腿还夹着小女儿，怕她摔倒，怕她走远。我感谢直立行走的祖先、解放的双手和CK运动内衣，让我看上去是狼狈而不像暴露狂。还好阳光够猛烈，T恤面料够薄，穿上后没一会儿就干了。振作精神，先check out。但是，我没有信用卡和现金！酒店不支持支付宝付款。我真是个安全感满满的女人，这时候才意识到自己正身无分文，孤身在他乡。不过，这些难不倒我，只是让我长了个记性：不管和谁一起外出，自己的信用卡还是得带着。我请接我们的司机帮我先付钱，我再转账给他，司机说他要是有那么多现金就不做司机了。但他还是打给了他老板，一个华人，非常利索地帮我解决了问题。

在乘车去乌鲁瓦图的路上，女儿趴在我身上睡着了。我看着窗外，阳光绚烂，心里却电闪雷鸣。我不愿回忆并事无巨细地记录下那十天的流水账，把它形容为创伤后遗症也不为过。但其间一些片段，我回国后和朋友说过了无数次，正因为重复过很多次，再提起仿佛只是肌肉记忆，不太牵动情绪了。我把这些当作个人脱口秀的素材一般，引起朋友们的啧啧称奇。比如女儿几乎连续二十个小时赖在我身上寻求安全感，每晚她都会惊醒，我要抱着她在房间里踱步、唱歌，直到她再次入睡。除了抱着她睡觉，我还抱着她完成洗澡、刷牙、坐马桶等操作。再比如，有一天我和女儿在吃早餐时忘记关门了，有只健硕的猴子（有我腰那么高），跑进我们的房间拿起餐桌上的香蕉。我迅速抱起女儿和它保持一定的距离，双方就这样对峙着。我确信，那天该我倒霉的话，我肯定要被猴子攻击，会遍体鳞伤。此外，酒店知道了本来与我们同行的两位被隔离了，工作人员每天都来劝说我提早退房，并限制了我们的活动区域。我把毕生的吵架和谈判功力都用在了这次旅行中。当然，我也

不　急

不是一无是处的妈妈，面对野生动物我怕得要死，但面对酒店经理我还是游刃有余的，最后我说服酒店送给我们一百五十只N95口罩（据说当时在国内它已是天价），将我们的房间免费升级成带大泳池的三房别墅，三餐全免费。那几天，我瘦了八斤。

蹲完几天的"酒店牢"，我们迅速换了酒店。母女俩相依为命，每天数着日子过。那几天，被充分打开的行李箱只有装小女儿物件的那只，而我自己的，就只有拿出几件T恤和内衣裤的包——几件衣服来回穿。后来，爸爸和姐姐的检测结果出来了，两人都是阴性，我们一家又欢乐地聚在一起。由于买不到回国的机票，我们在巴厘岛待了一个月。在后半段的休假时光里，我还是只穿那几件T恤、短裤，不再执迷于海滩度假造型了，也不用担心昂贵的时装被海水打湿变形、被打翻的番茄酱染上颜色。我可以一天不带手机，因为不用付钱，不用回邮件，更不用拍照，手机相册里的照片已经足够多。我们吃好就出去走走，或晒晒太阳，或游泳。没有目的让人轻松很多，放下一切，似乎才是度假真正的意义。

每天早上我拉开酒店的窗帘，被阳光刺得眯着眼的那一刻，心里就会感叹：还好有阳光，把一切映照得很有希望。

几经波折，我们终于回到了上海。信用卡账单把我和老公拉回了现实：要努力工作啦，好让全家都可以定期去度假，脱掉时装，去海边过几天随性的生活。那是不是也可以直接搬去海边，索性过一辈子没有时装、不需要信用卡的朴实无华的生活呢？有这样一个小故事，海边的渔夫半天打渔半天晒太阳，一个都市来的投资者劝说渔夫全天打渔，赚更多的钱，然后雇人，便可以实现每天晒半天太阳的惬意生活了。很显然，我就是那个来自都市的"愚蠢的""绕弯子"的人，一边反省"快节奏"给人类社会带来的空虚感，一边不自觉地想跟上节奏；一边在朋友群里呼吁少买东西，一边开心地逛着淘宝。我想，一时半会儿我也改变不了，对于物质的渴望可能早就写在人类的基因里了。只是，我们会思考，反省的能力让我们不必去做太过夸张和极端的事。To be or not to be，要还是不要，我反正也没想得特别明白，我有时感觉自己就是一只在摩天大楼的落地窗前踩着滚轮的小仓鼠，眼前是繁华的大都市，我属于这里，但偶尔也会向往奔到远方的田野里去。我们就这样，被督促着前进，在自相矛盾的信仰中乐此不疲。

永远太远，过好今天

今天，吃好晚餐，一家人沿江骑行。夏日傍晚六点钟的辰光，天空还透着光，粉红色的天幕之上浮着一层层波浪状的云。如此天光下，爸爸领头带队，女儿在其身后，而我跟随着二人。我虽然置身其中，却似乎能以第三人的视角看到一个长镜头：晚霞下三人逍遥地骑车，那画面美好极了。这是我年轻时不曾设想的画面，我没想过自己会有一个家庭，会当上妈妈，还会在四十多岁时学会了骑自行车。我大概就是典型的不做长远规划的人，我喜欢有根的飘摇感，不明浪潮袭来的时候我享受随波荡漾；但也无比坚信我在哪里、我期待中的自己是怎样的人。

　　说到学骑自行车，与其说是掌握一个代步工具的使用技能，不如说是在学习如何适应自行车的节奏，并与其同步。在学习时，如果只是抱着征服它的心态，那必然是要摔大跤的——就像一个骄横的大小姐非要去使唤一个愣头青。你想直行，他偏要把你往旁边的草地里拽；你使劲儿把龙头往另一侧拐，身体已经扭成杂技表演的模样，他也丝毫不会流露出怜香惜玉的姿态。相反，心无旁骛，身体坐直，当遇到颠簸、车头扭转的时候，不做抵抗，身体顺着起伏稍做调整，以最自然最舒服的姿势带动腿，以脚为着力点去踩动踏板，便能迎风前行。每次我们一家骑行前，都会说好一个距离，比如骑到徐浦大桥下面再掉头回家。而我发觉但凡想着徐浦大桥，我就会不自觉抬头眺望，目测距离，一想到骑到终点后还要掉头再骑上同样的一段路回家，疲惫感便顿时涌来。是不是应该调整下心态？一家人骑行，重要的是过程吧，沿途看到的是花花草草、男人女人，抬头张望的是同行的家人是否都在前进，在意的是有没有人掉队。这样想以后，我便无比地享受每次的家庭骑行，一点都不觉得累，还时不时地哼起小曲。

我们把家搬到女儿幼儿园附近，是受了她同学妈妈的启发，他们家从孩子上小托班就搬过来了。当发现从家步行到学校只需要五分钟，过条马路就有长长的绿荫跑道和骑车道时，我便毅然决定搬过来，家属也支持了我的决定。爸妈来新家看望我们时，觉得这里视野开阔了许多，只是如果女儿明年不能得偿所愿地升入同名小学，不是白折腾一场吗？从另外一个角度看，**人生不也是白折腾一场吗？** 从起点到终点，对于我等凡夫俗子，只要看到前面二十米就够了，就好像骑自行车，踩下的每一步都要确保不偏不倚，就算中途几次摔下车，及时调整心态和姿势，最终还是能愉快地骑回家。如果给我Google 地图，为我规划好路径，告知我全程需要三小时四十七分钟，在我抬头看着烈日当空时，很有可能就已经崩溃了，丧失了回家的动力。不仅如此，我或许还会抱怨，为什么男朋友没有车来载我？为什么我没有出生在有直升机的家庭？

永远太远，过好今天

年轻时找工作，最反感面试官问我长远的职业规划。为了不让场面尴尬，或者想要赢得面试官的芳心，我不得不为一个伪命题瞎编出一些话术。现在想起来真的让人哭笑不得。这种问题的出发点，无非是想试探你是否是个有长远规划的人，选择这家公司是否经过深思熟虑，而不是一时兴起，别做个几天不开心就撂挑子了。这种打着长远规划旗号的导向行为蔓延和扩散到了方方面面，恋爱也难逃其魔爪。以前流行过一句话，"不以结婚为目的的恋爱，都是耍流氓"就能反应这一点。前几天我看了一个相亲节目，发现现在的男嘉宾都学聪明了，一上来就表明自己对婚姻的规划，"我很想一两年内组建一个家庭，最好有两个小孩"，女嘉宾和观众就会"嗯"，频频点头，那模样像极了面试官——这小伙不是"耍流氓"，让人松了一口气。可是，对恋爱最负责任的行为难道不是我想好好和你谈恋爱吗？好像任何事情没有一个长远的考虑就是不负责任，就是耍流氓。现在轮到我面试别人了，我也会问到对方的长远职业规划，一边听一边忍着不打哈欠，对方说什么我其实不太会相信，我可能只是想看看他的表达能力和自我催眠的水平。这么多年，我多想听到一个人说，我就只想把每一天每一次的工作做好。

每一个初为人母的女性大概都经历过这样的崩溃：刚生产完的第一夜，宝宝不停地啼哭，爸爸哄，妈妈哄，双双哄睡败下阵后，护士哄。我当时就想，这才是第一个晚上，往后的一年半载该怎么办？喂奶，夜惊哄睡，难道一觉到天亮的基本睡眠需求将永远不被满足了？睡眠不足极有可能导致产后抑郁吧？有一天，被啼哭吵得心烦意乱，以致想抛下这个婴儿夺门而出时，我做了三次深呼吸——我意识到焦躁不是基于当下，而是来自对明天、后天、未来周而复始的循环的恐惧，可能是半年，也可能是一年或两年。于是，我陷入了无尽的无力感和焦虑之中。

必须承认，我在从小的成长道路上一直都试着去适应"人无远虑，必有近忧"的思维模式。上学是为了毕业，选专业是为了就业，恋爱是为了结婚，任何事情都需要一个正确的目标、一个长线的理想。经过这么多年，步入社会，升职加薪，辞职创业，为人妻母，随着我越来越自信，过好当下的心态好像也越来越坚定。同时，时刻提醒自己过好当下的态度让我越来越有自信。如今，我已不再需要时刻提醒自己，过好当下的态度已然是我面对所有事时自然而然的反应。我当然还有理想，但它不会是无法丈量的远方，而是在眼前二十米的地方。在这二十米内，有时路径清晰，轻舟可过万重山；有时工作、家务事、孩子上学、校外活动、爸妈突然身体不适等等的杂事纵横交错，但我庆幸已养成了"回避"焦虑、把当下的事情处理好的"短见"思维。我不要把自己想象成普罗米修斯，可怜自己为何每天的开始就是要被鹫鹰啄食肝脏，日复一日，痛苦不堪。我的理想生活是：每天醒来运动一下；早餐时间和爱人聊会天；在每天的工作中发现热爱；每一天，女儿放学后给她一个大大的拥抱，问她过得开心吗。

不 急

我说不好永远有多远，但我希望每天临睡前能和自己说："晚安，今天过得挺好。"

图书在版编目（CIP）数据

不急：过不被催促的人生 / Cissy施丝著. — 上海：
文汇出版社，2024.4
ISBN 978-7-5496-4215-1

Ⅰ.①不… Ⅱ.①C… Ⅲ.①情绪－自我控制－通俗
读物 Ⅳ.①B842.6-49

中国国家版本馆CIP数据核字（2024）第043070号

不急：过不被催促的人生

作　　者 / Cissy施丝
责任编辑 / 戴　铮
装帧设计 / 陆　璐
插　　画 / 李　希
出版发行 / **文匯**出版社
　　　　　上海市威海路755号
　　　　　（邮政编码：200041）
经　　销 / 全国新华书店
印刷装订 / 上海中华印刷有限公司
　　　　　（上海市青浦区汇金路889号）
版　　次 / 2024年4月第1版
印　　次 / 2024年4月第1次印刷
开　　本 / 889毫米×1194毫米　1/32
字　　数 / 95千字
印　　张 / 6.25
书　　号 / ISBN 978-7-5496-4215-1
定　　价 / 59.00元